挺住，意味着一切

一个奋斗小青年的鸡血青春

赵星◎作品

北京联合出版公司

图书在版编目（CIP）数据

挺住，意味着一切 / 赵星著. —北京：北京联合出版公司，2013.4

ISBN 978-7-5502-1382-1

Ⅰ. ①挺… Ⅱ. ①赵… Ⅲ. ①成功心理—通俗读物 Ⅳ. ①B848.4-49

中国版本图书馆CIP数据核字（2013）第030781号

挺住，意味着一切

作　　者：赵　星

责任编辑：史　媛

封面设计：刘红刚

版式设计：颜　森

北京联合出版公司出版

（北京市西城区德外大街83号楼9层　100088）

北京慧美印刷有限公司印刷　新华书店经销

字数158千字　880毫米×1230毫米　1/32　8印张

2013年4月第1版　2013年4月第1次印刷

ISBN 978-7-5502-1382-1

定价：29.80元

本书若有质量问题，请与本公司图书销售中心联系调换。电话：010-82069000

谨以此书，献给我那奋斗在北京的21～26岁。

那些年轻、张狂、幼稚、坚持、不相信、不放弃、充满激情的小日子。

谢谢我自己的心，用尽力气保护了内心深处的坚强、勇敢、善良与美好。

感谢一直陪伴在我身边，每天读我文字的很多很多的你。

此书也送给我在天之灵的父亲，

你走后的10年，

我这样走过……

自序

PREFACE

很多人问我，为什么从上班开始一直坚持给很多年轻人写博客，与大家分享我在21～26岁各种鸡零狗碎的时光呢？其实，这源于我与资深前辈的一顿刻骨铭心的霹雳闪电饭。

那时候我大学还没毕业，还在实习。作为一个菜鸟，跟前辈吃饭诚惶诚恐，基本上只闷头吃饭不说话。突然，前辈说了一句话："其实做二奶也是一个职业，同样要付出辛苦，同样辛苦劳动一年，二奶收获的金钱可比你们这些小姑娘多多了，你看你们这么辛苦才赚几个钱？"听到这句话，我的脑子里如同天打雷劈一般，晃得我到现在都能感到余震。这句话的内容量太大了，远非我一个还没出校门，一直受正统教育的姑娘所能企及和理解的。那一瞬间，我彻底地感觉到，我真是走进社会了，而这个社会大熔炉的善恶美丑大大超越了我之前所有的预料和承受能力。

没过多久，我一个干哥哥又在我的小心脏上扎了带胡椒味儿的一刀。他是一个这几年做生意赚了一些小钱的70后，娶了一个跟我差不多大的、名校的、英语八级的、长得算不得漂亮但挺清新的森女范儿姑娘。据我简单观察，他对那姑娘真挺凶的，跟王爷似的。某一天，他去公司找我拿个东西，晚上9点，我还在苦逼地加班，作为一个实习生，手慢活儿生，加班真是很正常。他把我叫到餐馆跟我说：“妹子，想找个有钱人吗？哥周围都是这样的。这些人都很有钱，跟了他们一辈子衣食无忧，房产全中国都有，你想去哪儿玩，哪儿就有房有车。但是他们这些人一个月回家一次，你得好吃好喝伺候一两天，就是这种日子。你别清高看不上，我敢说，你和你嫂子到40岁的时候，她绝对看着比你年轻，她天天没事儿就上美容院！”我立刻叫来服务员，把菜单上正数前十贵的菜都点了一遍！

我特迷茫，迎接我的难道不是一个可以让我通过努力赚钱，买各种自己喜欢的东西的美丽新世界吗？难道不是可以和一个自己喜欢的男生一起长大，努力打拼然后过上平和幸福的小日子吗？从学校进入社会的这一步，我被生生地扎了两刀啊，到现在想来，还有内伤。

后来我终于明白，好多事儿，遇见我，都会绽放出千年等一回一般的效果，让人忍不住想问一句：“凭什么啊？”或许，多年以后，我又能写一本书，叫作

《十万个凭什么》。

于是，我就特别想写下来那些故事，那些刻在我心里的哭得梨花带雨的精彩教训，以及暗夜里百转千回才想明白的道理。很多人看我的博客，觉得我过着光彩夺目、金光闪耀的小日子，可是我却想跟你们讲讲我那些曾经失败的故事，那些跟你们一样绝望、无助、迷茫的日子，以及我如何去尝试寻找突破口，如何找到正确的路，并一步步让自己尽可能自由而不失自我地长大。俗话说：错了就改，改了再犯，千锤百炼！那些幼稚、天真，甚至犯错的日子，我希望它们永远留在我千锤百炼的青春里，并照亮你们正在憧憬的五颜六色的美好未来。

谨以此书，献给我那奋斗在北京的21～26岁。那些年轻、张狂、幼稚、坚持、不相信、不放弃、充满激情的小日子。谢谢我自己的心，用尽力气保护了内心深处的坚强、勇敢、美好与善良。感谢一直陪伴在我身边，每天读我文字的很多很多的你。

赵星

2013年1月

目录

CONTENTS

Part 1　大学，用生命逆袭未来

Part 2　一脚在校园，一脚在职场

Part 3　没有了眼前的工作，你还能做什么

Part 4　活出一个越来越大的世界

Part 5　挺住，意味着一切

Part 6　自由，是不能代替的远方

Part 1

大学，用生命逆袭未来

“不要在乎别人是如何看你的，也不要在乎自己考试成绩的高低，而要看这件事本身你做得是不是足够好，是不是尽力了，是否能用这些努力让自己安心接受一切结果。”

——英语老师

“谁也不是天生就什么都会的，都是在学习中成长的，你不会就问，这样才能成长。不要遇到什么事情就想办法逃避，勇敢点。”

——实习第一任老板Isabell

每个人的开学，都有失望与迷茫

2004年9月的一个月黑风高的夜晚，奔向我的大学的火车，停在了一个“大风一年刮两次，一次刮半年”的东北小城。招生简章上说，我的大学，是一个依山傍水、小桥流水哗啦啦的地方。可是我入学的时候，学校还没有像招生简章上画的那样美好，到处都在大兴土木，小桥没有，流水还是个土坑，连学生宿舍都不够，有点招猛了。我被分配在校外的临时房子里，一个房间十几个床铺，比我高中还要凄惨。对于一个对大学生活充满各种幼稚的幻想和期待的小萌女（请大家努力联想曾经的我有多萌多可爱）来讲，眼前的景致让人眉头一皱，着实没有勇气迎接未来。

我是一个文科生，被化学系的“环境科学”专业录取。这是一个很容易让人畅想未来的专业。曾几何时，有亲戚问起，我妈总会以“未来环境越发重要，地球变暖，二氧化碳”等话题入手，以表示我这个专业具有重要的未来意义。我去办理入学手续，顺手将师姐正在研读的一本教科书拿起来看，瞬间呆掉了。我看见了整整一本书的化学方程式，赶忙阻止了我妈交钱画押的手。我当年理转文，就是因为背不会也理解不了化学方程式啊，未来之路，咯噔一下，瞬间陡峭了起来。

我妈夺过书看了一眼便明白了大概。只见她提上我的档案，带着我，噔噔噔噔走向了校领导办公楼。接待一个牛逼的母亲和一个看上去还很蒙昧的孩子的，是一个脚踝骨折的领导。我妈从国家的高度到孩子的未来，从教育的本质理念到学校的办学宗旨来分别阐述了我必须转专业的理由。领导拖着石膏腿脚急促地躲到另一个房间，我们又跟过去……几个来回之后，领导筋疲力尽地说："这个孩子应该转到法律系，中文系也屈才了。"

为什么要选中文系呢？我妈说因为中文是万金油，而我觉得因为简单，读两本名著就可以毕业。一个18岁的呆逼小孩儿，哪有什么远大志向和内心喜欢可言？

那天夜里，我非常忧郁，感到各种不顺。本来学校就不甚喜欢，专业也毫无感觉，连著名的东北菜猪肉炖粉条食堂都没得卖，想到第二天我妈就要回家去了，以后的四年我就要一个人在这个天天刮风还没猪肉炖粉条的地方独自生活了，我的心情就更加难过，竟然坐在宿舍楼前的草坪上呜呜哭了起来。越哭越大声，哭了好久也没见有人来解救我，这个学校的人真是太冷漠了，于是我站起来走出宿舍区去外面一个人散步。这个学校的夜晚，因为有师姐们的地摊而显得热闹一些。我一个人安安静静地走遍了整个校园，包括那些漆黑的没有人烟的地方。我有些困窘，我一直憧憬的大学，原来就是这样一个地方，我要在这个90%都是本省学生的学校里，像一个异乡孤独的而且受惊的小鸟一样，慢慢挨过四年。

那时候的我，像很多人一样，眼前的大学与心理的预期差距太大。经受了12年的应试教育，以及来自老师与家长对好同学的优待与差同学的放弃，我想，也许我的一生就会这样平庸下去了吧？因为高考没考好，我以后也不会有机会进入好的公司实习，也就没有好的工作，也就赚不到钱买好多自己想要的东西，也就没机会认识好老公……可见我是个多深谋远虑又目光长远的孩子啊！很多人安慰我，有大学可上，总比班里那些还要去复读，或者成绩不错只是因为没拿到想要的offer而去复读的同学要好得多吧！其实我也复读了，复读了十天，扛不住再一次学习那些已经熟悉但永远不想再深究的知识点而逃离了。尽管如此，谁会介意得到更好的呢？

成功不成功不在于去哪所学校上学

成功不成功不在于去哪所学校上学。这句话听起来很站着说话不腰疼，出身名校的人都会说，他们可曾知道，三本院校，甚至二本院校的学生想要争取一个机会所要付出的辛苦？对于我来讲，不是不相信这句话，而是如果成功不在于去哪里上学，那要怎么去成功呢？所有的老师都曾告诉我们，上重点、考名校才是唯一的路，难道还有别的路吗？12年的学校教育让我不那么相信自己的力量，而且真的压根没想过。

闲来无事又心情郁闷的夜晚，我一个人溜达在摆满地摊儿的校园里，蹲在某个摊位前扫了一眼学姐的各种锅碗瓢盆书，挑了一本绿皮的《×××精神》（后文简称“绿皮书”），抖抖书上的灰尘，付了三块钱，又跟没魂儿一样溜达着回宿舍去。那时候的我，已经被父母和老师教育得完全不相信“精神”这样的字眼了，感觉高考失败一切就都完蛋了，常常人在这里，心已老去。精神，也许就是这个当时我已经不相信的字眼，让我买下了它，准备挨过学前教育的十天吧。这本书里的每一个故事的主人公都是从一穷二白，没底子没背景没后台，经过个人努力奋斗，不抱怨社会，不埋怨不公，让自己的生命发生了质的飞跃，一个比一个闷骚，一个比一个苦逼，一个比一个“粪发涂墙”。比如年三十儿没钱回家，跟扫地大妈同吃一碗饺子的；在国外被欺负被鄙视，发愤图强为国争光的；钩心斗角明争暗斗被排挤被打击，依然出淤泥而不染濯清涟而不妖的，等等。用现在的话来讲，这本书的每一个故事都是一碗心灵鸡汤，而它们汇集起来，那就是好多碗的心灵乌鸡汤，活血化瘀，补血养气，安神补脑，满血复活！

新生培训的那一周，我天天躺在床上，坐在凳子上，蹲在马桶上，怀着“天将降大任于斯人也”的心情阅读这本书，新生培训、领导讲话、与新同学手拉手心连心活动，完全比不上眼前这本书对我的吸引力。我认真阅读了每一篇文章，感觉他们曾经的苦痛和郁闷，就是我现在的心灵写照！而他们光辉灿烂的现在不就是我奋斗的方向吗？我一咬牙一跺脚，把其中对我有点刺激和激励作用的警句用红笔写在名片大小的白纸上，再把它们都贴在写字台前的白墙上。为了给每日诵读带来一些美感，我还特意把它们贴成了一个大蒲扇形。

我整个生命的小宇宙，每天都会被这本小书上的每一个故事、每一句话点燃一次，这本书好像是上帝特意丢下来让我在最合适的时间捡到的，里面每句话每个故事仿佛都是专门说给我的一样。那时的我，和今天很多同学一样，不管去哪儿，都觉得学校不好，对未来四年的专业毫无期待。周围的一切都是那么陌生，听着东北话就仿佛自己被丢到了很远的地方。虽然这个地方挺好的，但我觉得好远，而且从小也没想过自己会来到这个地方，而且还要过整整四年。但无论如何，这也是自己高考得来的啊，抱怨又有什么用呢？

每天埋头看书背单词学专业课烦躁的时候，一抬头就能看到这些纸片；每每心情低落，抱怨这儿连个省会城市都不是的时候，我就“叭了吧唧”地朗读那些“牛叉哄哄”的句子，以此让我即将坠落到地板的小心脏有个依托。

“只要你认准一条路，全世界都会为你让路。”

“成功不成功不在于去哪所学校上学，而在于对自己未来的看法，保持怎样的心态和怎样的追求精神。”

“我觉得首先应该勇于接受命运的安排，只要不浪费时间，不断确立目标并努力实现这个目标，不断提高自己，在任何地方都是一样的。在不断提高自己的过程中，心中的某种失望也就消除了，关键是不要浪费时间。”

“做人成功有两个因素：一是要具备真才实学，二是要拥有自己独特的个性。”

“强者，不需要命运的特别眷顾，只要给他一个平等公正的环境，他就能迎难而上，挑战自己的命运。”

读书12年，我仿佛探索到新大陆一般地发现，原来普通人的平凡命运，是可以通过自己的努力，得到再一次改变的，而且可以改变得多姿多彩应有尽有！这让我大开眼界。以前，我单调而狭隘地相信老师说的高考一锤定音的说法，父母更是如此、他们认为高考决定一生，高考之后孩子也就这点能耐了，之后所有的努力和奋斗都属于“瞎折腾”，无论你怎么解释和立志，都抵不过父母的一句：“我还不知道你？”所有父母都曾对孩子怀着“望子成龙望女成凤”的宏伟希望，但到真的可以展翅飞翔的时候，又不相信孩子会真的像龙凤一样出人头地。可事实上，没有什么，比来自最亲近的人的不屑，更令人痛苦，甚至是绝望。

我从来没有想过大学以后的路，我一直觉得如果上不了很理想的大学，只要好好学习，考上一个牛叉学校的研究生，也能有出息吧！但是这本书让我看到了很多强势又漂亮的未来之战，看到一个更大的世界里，充满了勇敢、坚强、信念、力量。那几天，我每天都活得心潮澎湃，再也不觉得我的学校不好、专业不好了。如果书里那些比我更加凄惨和不被相信的人都可以成功，那我为什么不可以？书里有一句话，叫作："如果环境不动，我自己走。"虽然我还不清楚学校的实力和能力，但是我明白，我必须自己走，甚至，自己跑起来。我不能依靠学校，不能依靠老师，我必须用自己的速度和力量，冲到我想要去的地方。

我突然很奇怪地对自己产生了莫大的信心，感觉每天自己的电量都会上升一格，小宇宙一样的能量噌噌噌地在我身体里爆炸开来。我提笔写了一封非常不自量力的信给我妈，说我要努力学习，考上北大的研究生！我相信，我妈到今天都不知道，那些日子里，我的生活里发生了什么。虽然我后来并没有去考北大的研究生，但是我真的开始相信并笃定我自己的未来，连吃喝拉撒都精神抖擞了起来。

以后的日子里，我依然在低谷和彷徨的时候翻看这本书，封面被我翻得塑料膜都破掉了，今天拿起来看，内页都黄了，但是依稀不变的是当年画上去的那些蓝色和红色的笔道儿，那些改变了我整个人生和性格的话。我相信我爸妈一定会很愤恨这本书，把我从一个乖巧懂事聪明伶俐的小女生，变成了乖张霸气不管不顾无组织无纪律自由散漫的星爷。

那之后的某天晚上，新班级的班长可算在宿舍逮着我了，进门跟我讲：

“有个大学生心理学的书要一起买，18块钱，就差你没交钱了。”

我腾的一下从床上坐起来——

“什么书？谁写的？”

“咱系里的老师。”

“哦——我不要。”我扑通又躺下了。

“这是集体买，强制的，除非是特困生。”班长在下面急得跺脚。

“你告诉他，我家特困，没钱买。”

班长郁闷地关门走了，我突然觉得自己变了！这件事很小，但这是我第一次按照自己的意愿和想法，学会了拒绝。让我这个从小就听老师话听父母话的乖小孩，开始闪现出一点点叛逆的元素，我听见了我内心的声音，我生命的小宇宙，正一点点散开……

大学伊始，用生命逆袭自己的未来

提起英文，似乎是每个大学生心中的重中之重。对于一个从初中英文就不太好的人来讲，想要在大学这个没人管的地方学好英文，好像有点不太现实。大约是受了那本书的影响，那时候的我，觉得学好英文就是大学前两年里最重要的事（事实证明真是如此）。俗话说，万丈高楼平地起，那么，先从大学四级开始吧。

那时候的我，根本不知道大学四级长什么样子，只能看到乌泱泱的各种参考书，连考试分哪几个部分都不知道，我就强迫自己报了一个大学四级的社会辅导班。说是强迫自己报名，其实就是有点虚荣心罢了。大一研究四级，听起来很唬人的感觉。东北大雪纷飞零下二十多摄氏度的每一个周末清晨6点，我忍痛麻溜儿起床，坐公交车到这个小城市的另一所大学里上课，下课后去给一个帅气的高三小朋友做家教，之后走回学校。那时候流行三首歌，《老鼠爱大米》、《两只蝴蝶》和《十年》。每次走在路上，我都会听到各种街边竖着滚筒棒儿的理发店里放这三首歌，听了整整一个学期。现在偶然听到这三首歌，心里都跟过敏似的突突突突地跳个不停，那些寒冬天走在某条小城市街道上，听着路边不断放歌的画面清晰地闪过。想想在东北的前两年，最熟悉的就是早晨天没亮和夜晚黑漆漆的画面，有时候会特别怀念那种为了一个小目标不管不顾的勇敢。

那些课堂，对于我这个连四级是什么都不知道的人来讲，简直是生不如死，困顿不堪。比起周围的师兄师姐，我完全只能记笔记，单词都来不及背，就要被揠苗助长分析题库。上课8小时，我疯狂地记笔记，然后用一周的时间翻各种题库去理解老师讲的是什么。我无数次对着书本自言自语：这都什么玩意儿！我不是什么英语达人，也没有什么学英语的特别方法，只能上课下课带着英语书到处跑，去自习室，去图书馆，去教室，去食堂。有时候我也会想，人生苦短，必须性感，学这些东西有什么用啊！为什么我的同学们在同样的时间可以睡懒觉、上网、谈恋爱、购物，在这个新鲜的小城市里到处玩，把自己喂得白白胖胖，而我却把自己的虚荣心逼到山顶下不来，半年瘦掉20斤？

四级单词书前前后后买了三本，也没有完全背完，就匆忙上战场了。低空飞过的感觉不错，那时候我觉得自己大一就能考过四级很牛叉呢，因为只有英语成绩好的同学才能大一考四级，剩下的必须等到大二考。可是后来不久我知道，好多名校同学高中就过了四六级，唉，我真是井底之蛙！

四级之后本应该是六级，但是我却不知道在哪儿看见了一个叫“TOEIC（托业）”的考试，这是一个与未来就业相关的英语考试，看起来跟托福是一家的。而比起当时大学四六级30块钱的报名费，374元的报名费真是一个天价，尽管这已经是针对学生的打折价了。那时候，TOEIC刚刚进入中国，各种辅导材料和题库几乎没有，市面上只有朗文教育出的一套玫瑰红色的辅导书，一共6本，还有十几盒磁带，很贵，要几百块，几乎是很难承受的价格了。TOEIC最强大的听力考试部分也没办法练习，怎么办呢？我把图书馆所有能借的成套英文书都挨个借出来，从网上找听力部分的资料，一点一点地听，很多单词比如“家乐福”的英文就是那个时候听到的。我上课通常都坐在第一排，有一次老师看不下去了，在课堂上说：“不能只学英语，不能只背单词！”我抬头看看老师，又低头继续看单词书。想想那时候的韧性，让今天的自己都汗颜。很快，我觉得自己学习有些不规范，又想上一个培训班了，一个能让我快速了解TOEIC考试的培训班。毫无选择，我得来趟北京。

我“拐骗”了一个同学，骗她这个考试对她未来工作多么重要，谢天谢地，她上了我的贼船！（啊！现在正在读博士的她会不会很恨我？）就在那一年的“十一”长假，我们俩在北京买了一箱子方便面，住在亲戚的单身宿舍里，每天用清水煮面，倒出来再放调料，就是为了能没有油而不用洗锅！这是她教我的，不知现在在清华读博士的她，是否还记得这些奇葩的事儿。我们上课的时间是下午到晚上，上课的情况依然苦逼得要命，100道听力模拟题，我能错三分之二，老师说错三分之一就不用来上课了，回去先背单词去，我死不要脸的心理素质就是这么千锤百炼来的。我不记得我学了什么，老师教了什么，但是我非常清楚地记得水清木华校区教室里的白炽灯光，以及现在想起总觉得冒着白烟的雾蒙蒙的教室。在那个教室里，没有女孩子化妆，没有男孩子装酷，大家都以最简朴的外表，坐在凳子上，低着头看书。上课看书，下课看书，吃饭喝水都看书。每当我回忆起那个场景，心中总是特别激动啊，就跟电视上演的传销励志讲座似的。那些人里面，一定有一些人，像那本“绿皮书”里的故事那样，在艰难的环境中，用生命逆袭自己的未来。

那时候有个电视节目叫《幸运52》，我们总是在北京静谧而霓虹闪亮的夜晚，站在公车上看那个小屏幕的公车电视。那些夜晚，我看着公车上同样疲惫，但都兴致勃勃地看电视的乘客，他们在北京做什么？辛苦吗？幸福吗？他们有什么梦想？他们这么晚回家累不累？看看窗外，感觉北京是一个离我好远的城市。我喜欢灯光，喜欢从居民楼的小格子窗中放射出来的灯光。在这个城市里的生活，我还不敢想，不知道什么时候，这个城市里，能有一束等我回家的灯光？

最冷的冬天，每天5点起床和外教读英文

我觉得我需要一个外教来练习听力，确切地讲，我想要做一种语言互换学习，就是我教对方中文，对方教我英文。但是去哪儿找外教呢？只有外语系有外教，那怎么办？自己去外教楼找外教？听起来很危险！去外语系上外教课认识外教？耗时费力估计也没什么效果吧，很不好意思呢。

我搜肠刮肚，终于想出来一个好主意。我想出一个看起来特别高端又正经的方法，就是采访外教楼里的每一个外国人，不管是哪个国家的。我采访的目的有三个：1. 了解他们对中国的看法，以及在中国遇到的文化冲突；2. 练习我自己的沟通能力，特

别是英文沟通能力，并且尝试一下采访；3.了解一下哪个外教最和蔼可亲又靠谱，看是否可以结成对子来互相学习语言。

于是，我拟定了一个看上去很靠谱的采访提纲，准备好录音笔和采访说明书，发放到外教楼的每个小房间中去。很快，有七八个外国人答应了我的采访邀请，他们分别来自俄罗斯、美国、英国、日本、韩国等国家，男男女女各有不同。采访的过程有各种曲折，我问了很多很幼稚的问题，比如“你最喜欢的中国菜是什么”，每个问题还都不挨边，现在想来，简直傻死了。我遇到很多不同的外国人，他们请我听他们国家的音乐，跟我合影拍照，在小厨房给我做他们国家的美食。一时间，我成为了外教楼的常客，看门大爷也不限制我了。在采访过程中，我也很小心地观察他们，直到我发现了Colin，一个来自悉尼大学的35岁的男老师。为什么他最靠谱呢？因为有一次，他带我去看外国电影，晚上9点钟的时候，他跟我说：“时间不早了，你该回宿舍了。不要9点以后去外教楼，不太好。”不太好是什么意思？我想就是某次我看到打扮得很妖艳的女学生很晚从外教宿舍里出来吧。

我和Colin就此成为了互助学习伙伴，但更加准确地讲，是我向他学习会更加多一点，因为他一年里也就问过我两三个问题。我们约定每天早晨6点见面，一起跑步去学校门口吃早餐，再一起走回来，去外教楼的天台上安静学习到7点半，再分别去上课。在学习的1小时里，我抱着书用复读机听各种网上下载的听力教材，他端一个小本子练习汉字，有问题就互相问对方。

我们互相学习的高峰在“十一”之后的那个冬天。又是东北寒冬的早晨，本来约定早晨6点钟见面，但是我们每次都好像要为国争光似的，一直比拼谁起得早，最早一次我5点20分就到指定位置等Colin了。我们每天都要跑步去校门口的一家早餐店吃豆腐脑和油条，卖油条的是一对年纪在50岁左右的夫妻，他们每天都起得特别早，特别带劲儿地炸油条，每天都笑呵呵的，不管我们去多早，他们都在。他们的女儿，在加拿大读书，他们在中国卖豆腐脑油条，一提起女儿，他们就特别自豪。每天早晨看到这对夫妇，我就觉得特别美好又有干劲儿，他们的女儿就好像是我的榜样一样。

有时候Colin读中文读兴奋了，会带我去外教的娱乐中心教我弹钢琴。不过他用英文说的关于音乐的专业词汇我都听不懂，因此只能机械地弹琴。有时候还会打台球，或者帮他给他喜欢的中国女孩翻译情书什么的。大多数时候，我们还是会很用功地读书，但是很多次，我看到他在读中文的时候悄悄地睡着了，尽管我依旧振作精神听英语，我好感动他困成那样还陪着我……其实，我也好困……

在天台上，望着寒冬里虽是清晨但仍黑压压的天空和静谧的校园，我不知道我的未来会不会因为现在每一天的努力而有所改变，可是我没有退路。我知道我不能像我的同学那样，尽情地恋爱，无拘无束地吃喝玩乐，参加各种社团活动，没事儿就逛个街，约个会什么的，我不能做一分钟与我未来无关的事情。如果我觉得自己的高考是失常的、失败的，那就要让自己证明那是一场失败，用所有的努力来证明自己不是那个分数所代表的水平。除此以外，抱怨学校不好，老师照本宣科，或者悔恨自己干吗不去复读一年，甚至消极地不去上课都是愚蠢至极的做法。

相反，我的老师给了我最大的包容和忍耐。我经常因为读英文而不去早操，因为晨读而第一节课迟到，在我觉得不重要的课上背单词，在英文课上看别的英文书……这一切，他们都看在眼里，但是没有过多地干涉我。有一位年轻的女老师，不知道是不是看见我太苦逼太单调太乏味了，每周都请我去家里吃饭，给我炖排骨，给我做我喜欢吃的东西，比我妈还细致地问我吃不吃葱姜蒜；考试的时候给我打电话叫我按时起床，甚至给我买好看的衣服……那些日子，回想起来，可能我都很少笑吧，因为没时间，也因为不知道有什么可开心的事情吧。每天在摸黑的环境里出门，又在摸黑的环境里回来睡觉，三点一线的日子，唯一的外出就是做家教，一节课两小时，30块钱，一周100多块钱的收入，仅此而已。

很久很久之后，Colin离开了学校，跟一个他爱的东北女孩子结婚了，一起去了韩国教语言，他们有一个可爱的混血女儿。他走之前，给我写了一封信，告诉我他有多感谢我，我让他看到了一种少有的努力的样子，我跟外教楼里那些出出进进外教房间的女孩子多么不一样。毕业于悉尼大学的Colin，从小就父母离异，哥哥死于一种家族病。看到他照片里和太太孩子幸福的样子，我很想说，其实我很谢谢他，陪伴我那个寒冬里所有暗夜的早晨，如果没有他，我就无法怀着为国争光的心情起那么早了，也没有后来一切的顺利。

我的英文水平，在那个寒冬，得到了突飞猛进的质的飞跃。

不要在乎别人怎么看你，而要看事情本身你有没有做好

TOEIC考试的准备进入了白热化阶段，我把图书馆突然出现的、唯一的一套TOEIC参考书全部借出来，长期霸占着（据我观察，好像也没人看）。至于听力教材，我和我的同学一人买了一半，再去学校的磁带室，自己买空盘灌另一半，这样能把成本降到最低。每天，我都抱着小学五年级时买的鹦鹉鸟复读机不断地反复听，并且从网上下载了各种听力教程用MP3听。除此以外，我在新东方的TOEIC群里认识了群主成哥，成哥在北京，给我快递了一张所谓的“高分听力”盘，其实我也没怎么听，但心里觉得很感动。我以为在这个很偏远的地方，什么都得不到，也没有谁会关注我，我好像一直都特别自卑，别人对我好一点，我就会特别激动。成哥鼓励我，他也会参加12月的考试，让我加油，一起比比看谁考得好。他还送了我一段话：

“孤灯夜下，一个人跑，表面上看，似乎只有你一个人孤

独地奔跑，但是在你灵魂深处，你感觉到有许多牛人和你一起奔跑。这时的你，感觉不再是孤单，而是和众多志同道合的朋友为实现各自的理想而一起奋勇拼搏。”

确定的考试时间出来后，我发现TOEIC考试与六级考试之间相隔不到两周，这意味着，我要在一周内去北京考TOEIC，再迅速返回来用仅剩的十来天时间准备六级。而我也清楚地知道，TOEIC的单词量和高考差不多，而我根本没有时间去看六级单词，连到底是哪个难度都不知道。我内心开始有一点点发慌，我的TOEIC看上去准备得也不那么理想，而六级更是什么都没看，如果两个都失败了……我几乎不敢想后果。那时的我，心理承受能力很差，每天很玩命地学，特别害怕一下子什么都没有了。考试前的一个星期，我每天都在惊恐中度过，我总是梦见，我耽误了TOEIC考试，六级也什么都听不懂。

硬着头皮来到北京，确切地说，是来到北大二教的考场。这是我第一次来北大，而且第一次坐在北大的教室里。看看周围的考生，果然日韩国家的非常多，传说日韩企业很看重这个考试，我后面的大叔已经考了9次，真是让人惊讶。TOEIC有200道听力题，是那种只能看见ABC选项答案，其他什么都没有的考题，虽然不难，但200道下来已足以让人的神经系统彻底崩溃，经常听到最后是体力跟不上了。比起平时四六级的20道听力，这显然是个体力活儿啊！至于后面的笔试题，感觉不好不坏，答完了就出来了。我在乌泱泱的人群中到处乱看，因为我想找找成哥，告诉他我顺利地考完了，可是我找不到他，人实在是太多了。我打电话给他，他说他已经考完走了，以后有机会我们再见面。

很久以后，我真的来到北大上学了，我终于见到了那个帮助过我的成哥。他说，其实那次考试他并没有去，他是骗我的，因为他不想让我失望，不想让我觉得没人跟我一起在苦逼的战线上奔跑。啊！这是要让人感动得哭吗！我想，这也是我现在特别愿意帮助小朋友的原因，有时候，一句不经意的话，真的能鼓舞一个在角落里的自卑孩子很多很多，多到改变他的整个生命。

来不及多停留，我回到了学校，这时候离六级考试还有十来天时间。我从网上下载了一份“六级高频词汇表”，有十几页，我看了前两页，又做了两套完整的模拟题，心慌地匆忙上阵。听力很顺畅地拿下，毕竟我是准备过200道听力题的TOEIC考试的，中间的题目做得不好不坏，感觉高频词表确实有很大的功劳啊。最惊喜的是作文！居然和TOEIC作文的内容很相似：如果一家公司给你offer了，你如何礼貌地拒绝。TOEIC全部都是职场英语，这简直就是甚合我心啊！我连prosperity这个几乎只是见过一次都忘记怎么拼的单词都写对了！这是有多么让人惊喜！即便这样，我依然很担心六级的成绩。我的英语老师对我抱了很大的期待，我似乎是她手下唯一一个有机会在大二上学期一次性考过六级的学生，虽然这在很多牛逼院校不足为奇，但是在我们这个小学校，我看得到老师的期待，因此压力好大。我害怕，害怕TOEIC考一个不高不低的成绩，六级也不好不坏，我没法跟我的老师们交代。我不能让TOEIC失败，我承受不起；我不能让六级失败，我的老师伤不起！我记得那天是圣诞前夜，考完试已经夜幕降临。我一个人默默地走在从教室到宿舍的路上，周围的宿舍楼里都张灯结彩，同学们欢欣雀跃地跑来跑去，我打了一个电话给我妈，说："我可能考得不怎么好。"然后就开始掉眼泪。唉，在这个遥远的东北小城里，我害怕自己败得真的跟高考似的。我不断地鼓励自己，但却等不来让人满意的成绩，真的会这样吗？无数次地怀疑，无数次地难过，无数次地自卑，无数次地看"绿皮书"。

回到宿舍里，网上出了六级考试答案，我怀着很忐忑的心情核对了一遍，却意外地发现，我的听力是满分，作文就算一分不拿我也能到70多分，这让我感到很惊异。英语老师那时恰好给我打来电话询问，我说感觉有点不真实啊，怎么会这么高呢，我一点感觉都没有啊。英语老师显然也松了一口气，她很慢很慢地跟我说：

"所有的英语都是相通的，没有什么为了某个考试准备的内容，另一个考试用不上，关键是，你是否真的下到了功夫。我知道你在准备TOEIC，也知道那个考试对你更加重要，因此一直没有跟你说六级的事情。我知道你很担心这两个考试考不好，但是，一个人不要在乎别人是如何看你的，也不要在乎自己考试成绩的高低，而要看这件事本身你做得是不是足够好，是不是尽力了，是否能用这些努力让自己安心接受一切结果。"

老师的这段话，让我平和下来，同时，我想起了“绿皮书”里一段话：“智者随遇而安，不徐不疾，不烦不躁。得不足喜，失不足忧。”

看到外面的世界，不要做与自己未来无关的事

我在一本杂志上看到一个考上斯坦福大学的普通女生，她说：“我从不做与我未来无关的事儿。”这句话瞬间惊醒了我，让我的内心震颤了好久。我时不时地把这句话拿出来看看，让自己那些小抱怨和小烦恼，宿舍里女孩子们之间的鸡毛蒜皮，同学之间的钩心斗角都见鬼去吧！这句话成为我内心安静的一个动力。周围的人都在谈恋爱，男友女友换了一大片，有人旷课，有人旅行，有人睡觉，有人打牌，我不能说大家做得不对或不好，而只能说，我希望自己今天的辛苦，能换来明天多一点的幸福。我一直觉得我的孤独寂寞令我孤傲，可是看到她的那句话时一下子就坦然了，感觉周围的一切眼光和评论都无所谓了。我有我的目标，你们都不知道。真正的目标是放在心底默默去努力的，不需要大声吼出来告诉谁。我一直觉得立志的时候一定要默默地埋在心底，说出来就伤了元气！

尽管这样，在东北小城里读书的我，是不敢跟名校的学生

比的。尽管我在各种老师的宽容和爱护下活得自由自在，成绩不怎么费力也能有不错的分数，但每次读《大学生》杂志，看到北上广高校学生的生活，他们在牛叉的大公司实习，他们在各种各样的大赛中获奖，他们三五个人组成小组去参加各种大企业举行的校园活动……在一个小城市里天天读英文的我拿什么跟他们比呢？何况我的英文也没有牛到同声传译的地步。就在这个时候，学校选派一些即将升入大三的同学去北大交流学习，我很积极地报名了，却不承想，那些赌气一般觉得自己高考其实只是失误，骨子里还很牛的想法，彻底被打散了，我的大学遭遇了鸡零狗碎般的混乱和成绩上的滑铁卢……

没有班级，没有负责人，没有饭卡，没有宿舍，没有老师，图书馆的书不能借阅，只有一张课表，自己找教室去上课，没有前排座位留给你，人太多了要先给本校生让出来，问问题被老师说“你不是北大的吧”，咨询实习机会被说“你考不上的”。很多人说自己高考失误了，自己要上了北大也不比一般人差。心气儿是好的，但事实是惨烈的。很多人羡慕我有机会去了北大，希望自己也有这样的机会，可是没有人知道我在北大的两年其实也很艰苦吧？其实我可以过得好一点，比如跟同来的相识的同学住在一起，干净、整洁、安全、性价比高、遇事有商量，有问题相互都有照应。可是我偏不，我偏偏要一个人住在“城中村”里，一个人去外面租上下铺住，体验各种惊心动魄和乱七八糟的事儿。我清楚地知道，这是我自己选择的路，再苦再难也必须自己走完；我要留在这个城市生根发芽，毕业后的社会会比这更加令我恐慌害怕，会遇到各种奇奇怪怪难相处的人，除了我自己，没人帮得了我。我需要强迫自己学习面对社会的思维，学习无人帮助的自立，以及强迫自己去忍受孤独和寂寞。如果在妈妈还能给我衣食温暖的时候，不强迫自己去面对严酷的环境，有一天妈妈老了我能照顾她吗？我能保护她吗？我能像一个战士一样迅速地站起来，扛起刀枪为家为妈妈的晚年生活去赚钱去战斗吗？我是单亲家庭的小孩，我没有时间天天磨磨叽叽地娇宠自己，更没有环境给自己一个不愿长大不愿承担责任的理由。

所谓“适应”，不过是一种在艰苦的环境中坚持和隐忍，让自己有一种逆来顺受、笑对苦乐的心态。我依然希望自己不要做与自己未来无关的事情。我不知道什么是与未来无关的事情，那么在这里的每一分每一秒我都用来上课和上网。我最喜欢看BBS的实习版和工作版，因为想要看到，自己如果想要找到牛叉的实习机会，还需要什么能力？而我自己目前的能力，能做些什么呢？结果发现，连帮人编书都没人要我，因为那时候我没有自己的笔记本电脑，不方便且我自己也没有足够的能力吧。我还喜欢看“二手买卖”这个版面，因为总能淘到一些价格便宜的好东西，比如我有买过20块钱一件的浴袍，从买到现在一直在穿。一直到现在，我每次看见二手买卖的东西，都会想起那些年穿梭在北大校园里为了买一个便宜的东西跑来跑去的场景，也只有在青葱滴水的年岁里，才能有那样稚嫩而纯美的景色吧。

条件和待遇的差距，也许并不是最重要的，学业上真真切切的距离才更加直刺人心。有一次西方文学课，老师让阅读一本西方文学著作，写一篇2000字的读后感。我努力地读了半本才理解了人物关系，终于写了2000字，我觉得自己没在百度上东拼西凑已经算很棒了，于是特别有成就感地去上课。老师随便点了一个女生上台读自己的读后感，结果——她写了整整两万字！我不知道她读到了什么这么有感触，只听见她不停地读啊读，结果读完了整整一节课。为什么同样是读书，别人可以有如此多的新鲜想法和感触，而我生生憋出2000字都那么困难呢？这件事让我明白，一个人如果不出去见识一番真正的世界，就很难清楚自己在世界上到底处在什么位置，自己做到了什么程度。

很快就期末考试了，哲学、美学，我一个学期都没听懂，如果不是考前找到老师要了课件，恐怕我都无法及格，而北大的同学很多都是90分以上。我的古代文学，狠狠地掉入了不及格的坑里。拿着成绩单，我在想，还要不要继续读下去？该怎么办呢？花了好多钱，吃了很多苦，结果来一个不及格？这是我人生第一个不及格啊，我的大学完整了。

经历了很多不公的待遇，花了比别人多得多的钱，住在人员混乱的地方，成绩上遭遇了人生最大的滑铁卢，在北大的日子，即便有最好的资源、最好的老师，迫于自身能力有限，也依然无法让自己自如地发展。一些人告诉我，混到毕业就好了，何必要跟自己较劲，反正学校也不会不让你毕业。可我现在所做的一切不都是在为我的人生之巅而努力拼搏吗？我不想抱怨不公，也不想找什么理由，我要有勇气做自己最怕的事情，我不要做与自己未来无关的事情。以前我一直满足于我是普通学校中的佼佼者，这是非常没有志气的表现，我立志要成为牛人中的佼佼者。人生的精彩，一定没有尽头。

14个月的实习，职场之路开始了

2006年10月29日，我20岁生日，大三。这天上午我考完GRE笔试之后，就倒在宿舍的床上起不来了。考GRE这件事稀稀拉拉拖了一年之久，从准备到报名，从机考到笔试，已经消耗了很大的耐心和精力，结果怎样，已经完全不重要了。我的大三，就从这场考试的结束，正式开始了！

那个时候，我已经决定毕业要去上班，而不是上研究生和出国！我讨厌考试，讨厌没完没了地学更加高精尖但不那么实用的英文；至于出国，家里没有强大的财力，我不想因为我把整个家庭都拖下水；而作为文科生，拿到奖学金的希望太渺茫，这么看来，我的TOEIC和GRE其实就是凑热闹，虽然成绩不高，也勉强拿得出手。

大一大二什么都没干，基本上在学英语和睡觉，也没什么经历的自己，开始有点着急，但是好像并不慌张。背景和经历都比较差，因此对自己也没有多大的期待和希望。没想着500强，也没想着和多少牛人过招。我就是个喜欢逃避的人啊，人一多我就想跑，大概独辟蹊径是最适合我的道路吧。即便这样，我依然不太清楚前方的道路。用黄小仙的一句话来形容，就是："前方道路太险恶！"

11月，我开始疯狂地上BBS，找各种兼职和社会实践的机会，几乎不上课一样地往外跑。我想我唯一的一条路就是在大三早早起步，开始奔跑，也许这样才能让我的未来从容一点，至少能看到别人的背影，而不至于被甩到看都看不见的地方。

即便这样，我依然不知道自己做的这些事情有什么用。我总是下意识地让自己觉得自己在大四，这样会有紧迫感。

需要准备简历，于是我开始仔细思考我大学前两年半的经历，我重点写了两件事：

第一件是我准备写的一本书，叫*A part of water*，《你是水的一部分》，内容源自我大二开始做的一系列外国人采访，就是采访在中国的外国人，了解他们在中国的故事以及所经历过的文化差异。这个采访首先从学校的外教开始，逐渐采访完全部的留学生，之后就走哪儿访哪儿，比如火车上、旅游景点等。被访者大部分来自美国、澳大利亚、俄罗斯等十余个不同民族文化的国家，我对不同国家文化有了深刻而真实的认识。我准备要采访到100个外国人，然后写成一本书，但现在还没有做完，还在继续。

第二件就是我自己组织的汉语教学联合会，我组织了一些学习对外汉语的同学，他们是来自不同的学校的汉语文化传播专业志愿者，交流分享教学经验，探讨传播方式。通过每个人的教学实践，了解不同地区和民族的人在汉语学习中遇到的困难，探索具有针对性的教学方法，吸引来自美国、澳大利亚、韩国、日本等多个国家的学生。这件事情是在北大交流的时候做的，我还带了一个康奈尔大学的美国学生，负责他的中文学习。

我把这两件事写清楚之后突然明白了，其实社会实践和经历，不一定要在多么光鲜耀眼的公司里做过什么牛叉的事儿，关键是要自己亲身参与，并且从中得到重要的收获，才能让自己更加有底气。

此时此刻，大把大把的名企开始企业招聘，作为二本学校的我，虽然只是大三，很多事情还没开始，但是我努力在无数要填的表格里发现自己还欠缺什么，还欠缺多少。

有时候，我也会去大四的校园招聘会场坐坐，听听名企的简介，看看台上精英耀眼的样子，哪怕是周围同学的提问，都让我感到自惭形秽，自己连个问题都提不出来，脑子里真的没存货。现在回过头去想，也许不是自己差，而是没办法看清自己的强项，不知道如何表达自己，才让自己更加迷惑，也更加无助。当时，我还不是这场战役的参与者，也看不清前方道路到底有多险恶，我无处下手。我想我需要一个指导，告诉我求职到底是怎么一回事，我到底要准备什么，如何知道我到底想要什么。

我开始去听一些求职类的讲座，也花钱上了一些课程。那个时候，求职类的培训以及各种网络资料少之又少，良好的培训和学习之后是一次次的实践。我不知道我想要从事什么职业，听说某同学去公关公司面试，我自己也想试试公关，于是开始了漫漫申请路。先从本土公司申请开始，一点点去看一个公司究竟需要什么样的人，我有哪些差距。我没有去想别的方向和行业，而是更加专注在这一条路上不断前进。越来越多对行业的积累让我赢的胜算越来越大。

很快，我收到了一家在华著名的国际公关公司的面试通知，其实他们只是找一个帮他们发快递、做翻译、录数据、买盒饭、当人肉快递送东西的人而已，但对我来讲，这已经是非常棒的机会了！我从这里开始了我的正式实习生涯，有过委屈，有过想放弃，有过辛苦和劳累，但都一点点化作职场经验的积累，让我在毕业的时候拿到了一家我曾经想要去的公司的offer。我从来没有写过或者说过我之后职场路上的每一天、每一年，愉快或者悲哀，欢乐或者痛苦，不是因为我不曾遭受到来自职场的压力和重担，而是因为我更加喜欢凡事先向自己发问，从自己身上找原因，并从中习得重要的成长。那些曾经的酸甜苦辣，经过岁月的洗礼，留在我身上的只有成长的痕迹，而那些所有人的职场都会出现的鸡毛蒜皮、钩心斗角，我一点都不记得了，大概是因为我只愿意记住那些我认为很重要的事情吧。

在大三下学期到大四结束的14个月里，我每天要坐两小时公车才能回到学校，每次夜幕降临的时候，我都靠在公车的窗户边上，看着窗外灯火辉煌却累得话都说不出来，特想就睡在公车上。但是当我想到这些辛苦的实习生涯的时候，我会觉得很感动很激动。当我们还是职场里的小菜鸟的时候，只要品德没问题，会受到每一个人对你诚心诚意的关爱和指导，教你怎么做事情，怎么问别人问题，怎么不犯错，怎么提高效率，怎么让自己有信心，一定要珍惜这段时光，而不要过早地进入职场钩心斗角的游戏中去。

我的第一位领导Isabell在我遇到新的状况，发生错误的时候告诉我："谁也不是天生就什么都会的，都是在学习中成长的，你不会就问，这样才能成长。不要遇到什么事情就想办法逃避，勇敢点。"我感动到对着电脑一边打字，一边掉眼泪。

那些职场初期的日子，每当夜晚还要加班时候，看着一盏盏灯在我身边慢慢隐去，我的心一点一点踏实下来。窗外的长安街静谧安详，时钟渐渐指向12点，我坐在电脑前仔细地完成每一个工作细节。也许，这就是我即将开始的开始……

Part 2

一脚在校园，一脚在职场

“大四最后一学期，周一到周五要在公司上班，晚上熬夜写毕业论文，周五晚上坐一夜火车回东北的学校参加考试，周日晚上再坐火车回北京，这样的日子持续了整整两个月。最后一门考试结束后，我以为会松一口气，可什么都没有，我心平气和地走出考场，看着和平日一模一样的操场和校园，心里特别踏实。”

——赵星的博客

考研、工作与出国的选择

考研、工作与出国该如何选择，这对我来讲真是一个很挠心的事儿。从大一小宇宙爆发开始，这三个选择就在我心里萦萦绕绕挥之不去。

我想我的家庭是我在选择中所要考虑的重要因素，作为一个成年人，责任对于我的意义就在于，在作任何选择的时候，都会考虑到家人和家庭的未来。

我是单亲，父亲在我上高三时意外身亡，家境虽然还好，但是家庭顶梁柱的坍塌，也就意味着整个家庭的倒下。一个单亲母亲要供养一个平均年花销一万元的大学生，如果是我，根本不敢想象。我很感谢我的妈妈，在整个家庭最为困难的时候，在她一生最艰难的时候，在所有亲友都建议我留在本市上大学，毕业后留在她身边的时候，坚决送我到很远的东北上大学，并供养我整整四年；在所有人觉得我去北大交流就是瞎花钱，去新东方上课就是混日子，上培训班就是上当受骗的时候，我妈妈坚定地相信一切的学习都会对我有用，省吃俭用满足了我在当时看来各种非常难得但也非常奢侈的机会。如果不是她当年远大的心胸和眼光，如果不是她当年的坚强和隐忍，现在的我，恐怕也就是一个天天自怨自艾、抱怨社会的女孩子吧。妈妈全身心地为我着想，我不能太自私。

准确地讲，考研的想法是刚开始入校的时候产生的。那时候总觉得东北好远好远，学校看上去也不太尽如人意，本能地想要逃离，想回到离家近的地方去。那时候我唯一能想到的方法就是考研，加上我觉得因为家庭的变故导致了高考的失败，我和大部分不喜欢自己学校的同学一样，觉得自己是有实力上清华北大的，至少也应该是一所一本院校，沦落到遥远的二本院校简直就是激发自己人生崛起的最大动力！可是我又有些担心妈妈，如果上研究生，我要在外面至少7年时间，中间还要参加最头疼的考研考试，而研究生的未来很难预料。每次想到这里，我都觉得前面的道路是万丈深渊。

那个时候，因为看不到未来，我拒绝了从初中就很喜欢我的一个小男生，我总觉得自己的未来好迷茫好乱，跟他在一起，更加看不到未来了。直到现在，偶尔在网上遇见，聊起这件事情，他总是说："当初你恶狠狠地拒绝了我，可是我都不知道你为什么拒绝我！"哎呀，其实我也不知道，当时为什么拒绝了那个偷偷往我书包里塞玫瑰花的初中小男生。

考研的这条路，考虑了没三天，我就读到了开头说的那本"绿皮书"。这是我第一次知道，原来英文考高分就有机会拿到全额奖学金上国外的大学，而且每个故事的主人公几乎都是从普通家庭里走出来的，这让我十分兴奋。我觉得只要这个世界上有人曾做到了，那么我一定也能做到。其中有一个关于钱永强的故事，讲道：“到大三时，钱永强已经考完了四六级、TOEFL、GRE、GMAT这些考试。”我把他的进程当作自己的奋斗目标，自我感觉颇为良好。促使我更加想要出国深造的还有一段话，也出自这本书里：“留学有三个目的，一是完成自己的教育，获得就业竞争力；二是提升自己的档次，获得事业领导力；三是解放自己的潜力，获得人生领袖力，成为一代学术或商业的开创者，达到实现自我的最高境界。出国最大的收获在于，以前是以中国的眼光看世界，出国后有机会以世界的眼光看中国。”

嚯嚯，这是多么让小孩子振奋的话，我的内心一下沸腾起来，感到自己的人生都到达了另一个高度和境界了。那时候经常看“寄托天下”网站，每天混迹在各种要出国和已经出国了的人中间，感觉自己真的要出国了似的。虽然表面如此，但是内心却很忐忑，虽然说出国的学费可以有奖学金，但是出国申请和各种考试本身也是一笔很大的开支。听说申请一个学校，光申请和邮寄材料可能就要700～800元人民币，一般要申请40个学校，这笔开支对于一个学生来讲真是难以想象，更不敢跟家里说这个想法。而各种各样的考试费就不要说了，GRE考试光材料费用就超过500元了，大多还是二手资料。大二的暑假，我委托亲戚帮我报名10月份的GRE考试以及新东方的GRE暑假班，共计

4998元。过节回家的时候，我看到妈妈把一个5000块钱的存折交给亲戚，还开玩笑地说了句："给你两块钱小费哦！"虽然大家是开玩笑的语气，但在一旁的我深深地被这一幕刺痛了。5000块钱，对于一个还要供养大学生的单亲母亲来讲，是多大的一笔开支啊。我几乎没见过妈妈买新衣服，也能猜到我不在身边，她肯定随便吃点菜就是一顿饭了。她就那么轻而易举地把省吃俭用的钱毫不犹豫地花在我身上，也不问我要干什么，也不管我会不会考出很好的成绩，也不管这钱到底能有多少投资回报率。5000块，比我一年的大学学费还要高，让我一个暑假班不到20天就花掉了，我心里的眼泪哗啦啦地流下来。

那段时间，我看了《鲁豫有约》的一次访谈，被访人是一个很有名的人，鲁豫问他，如果你当年没有出国读书，现在会怎么样呢？所有人都期待他说："那我现在一定不是××××，也没有怎样的成就。"可是他说："如果我没有出国，我的父母就不会在自然灾害中饿死，如果我在，我一定会让他们活下来。现在我成名成功了，可是我没有爸爸妈妈了。"

我退掉了新东方的暑假班，只保留了10月份的GRE机考和笔考，希望用自学的方式来完成考试。我似乎已经知道我不会有什么好成绩了，因为我真的不想出国了，我太害怕了。我不能让自己任性地花掉家里所有的积蓄，只为自己博一个好功名；我不能让日渐年迈的妈妈孤独地生活在国内，我在国外乐得逍遥；我不能让自己一走就是好几年，如果中间发生一点事，我回都回不来，哭都来不及；我不能不断地消耗家里仅剩的一点钱，消耗光妈妈的养老钱，而对家庭没有一点点贡献。每当想到这一连串的问题，我的内心就开始惶恐和落泪。

路只剩下一条，工作，赚钱养妈妈。

很多同学问过我，出国、工作和考研，到底应该怎么选。

我也不知道你该怎么选，因为我选择的每一步都是在我的内心回炉了千百遍才得出的，我无法斩钉截铁地告诉你什么好什么不好。我只是选择承担起一个成年人对家庭和父母的责任，而不是任性地只去想如何能对自己更好，父母就应该对我如何付出。如果让我笼统地说，我只能说，如果家里有条件，可以继续深造，无论是国内还是国外；如果没有足够的条件，请不要自私地为了自己的前途不断消耗父母一生的积蓄和他们的养老救命钱，这几十万甚至上百万，绝不是你毕业后短时间能赚回来的，特别是现在“海龟”满街走的年代。一个有担当的成年人，烧家里的钱是很可悲的，而决定为自己为家庭努力赚钱的行为是值得尊敬的，没有什么不光彩，父母太不容易了，应该为他们分忧！

申请实习生，你准备好了吗①

上班之后的某一天早晨，好友茄子皮在MSN上闪我，说我介绍给他的那个实习生在实习一周后的今天打电话给他，说不能来上班了，原因是课业压力太大，无法继续逃课实习了，说着说着还哭了。

嗯，离奇的是该实习生的前任是在实习了两周后发现没时间写论文了，于是早早开始告假，准备回去写半年的论文再回来上班。

其实，茄子皮和我都没有觉得很震惊，我们都在想一个问题，找实习的小朋友们，申请之前都准备好了吗？

你究竟想要什么

很多人发邮件问我如何选择自己的工作，自己毕业的去向，我统一回答“碰的”，可是现在我想稍微说一下，其实是很简单的经历：

① 这篇文章，是我和同事茄子皮同学某个晚上聊起来的一个总结，总结了茄子皮的实习生，也总结了当年的我们自己。写出来这些并不是想对谁说教，也不是想表明我们当年有多好多完美。只是希望，即将要开始实习，或者正在实习的路上纠结挣扎的你，少走一点弯路，多积攒一些值得积攒的东西。要知道，一次无疾而终的实习会损失掉多少机会，而世界又是那么的小。我和茄子皮在这场对话中，一度情绪低落，行文不免有些个人情绪和观点，敬请谅解。

大一准备考研，发愤图强之后，读到“绿皮书”，决定学英语出国。

大二准备各种出国考试，发现考试太贵，申请太贵，邮寄太贵，上学太贵，但父母只是工薪阶层，保住父母的养老钱才是第一要务。

大三决定要去工作，先去赚钱，所以开始各种实习，然后就毕业了，转正了，工作了。

牛吗？一点都不牛，普通得很。

但是现实中，我看到了太多太多迷茫的邮件，每次问我怎么办？在大一觉得自己专业不喜欢，立志四年后跨专业考研，问行不行？出生在工薪阶层，非要闹着出国，但是看到父母的白发与蹒跚步伐，又不忍心，问怎么办？在大三下学期才发现之前没怎么实习，简历空空如也，该从何入手？花了父母数十万，从6岁开始上学，上到20岁出头的年轻人，却无法给自己的下一步作一个决定，甚至不敢往前迈一步试一试，那我也不知道你该怎么办了。

话说回来，我问茄子皮，你那实习生怎么都哭了，你怎么人家了？

茄子皮苦苦道来：“小孩特忙，实习期间不停地接电话，全是学校公共事务，社团的、学生会的、学校的、老师的、同学的。事事操心，很有领导力。但是其实他根本承受不了这些，再加上现在的实习，一个人被撕扯开了。他以为自己能够做到平衡，实际上他做不到，但是他不觉得自己是做不到的。他以为自己能力很差，所以产生了很强的自责心理。”

“那为什么非要都做，这完全不可能都做啊！”

“因为他想做一个牛人！”

“是简历看上去很牛，同学们口口称颂的很牛？可是他真的能做到很牛吗？”

“每件事蜻蜓点水，每件事都懂！略懂！”

500强的光芒始终都是公司的

我的一个师兄，简历里面就一件事儿，就是自己借钱1万块，买了一个电视上演的路边的烧烤机还是蛋挞机来着，然后自己开店、雇人、销售、开发市场，一边做一边上学，做了两年后卖掉小店，赚了6万，然后应聘了一个500强的销售工作，一年后成为华北区的总负责人，现在过着舒适自由的生活。

他成功的原因是什么？

是踏实，很踏实，快踏实到地底下了。

是坚持，很坚持，快坚持到骨子里了。

一个实习，至少要做到6个月，才能对一个公司的一个项目有个大概的了解。

一个工作，至少要做到6个月，才能对整个流程和来龙去脉有个清晰的图画。

一个经验，至少要重复5～10次，才能算得上扎实深刻，讲出来给别人听感觉像是那么回事。

不要认为当过学生会主席就很有优势，十份简历有八份都是主席；

不要认为参加过几个有名有姓的商业大赛，就觉得自己跟商业挂钩了；

不要认为参加过几个社团，拉过几次赞助，就觉得自己见过很多商人；

不要认为参加过几次学期交换，就觉得自己特国际化，特全球视野；

不要认为做过几次短暂的实习，就觉得简历特别有亮点。

其实当实习生这件事儿，有时候并不是什么特别高的门槛。有时候是因为任务太急缺人手，有时候是因为事情简单不需要太好的英文也可以，有时候是因为需要一个帮忙做搜索或者做监测的，就这样。曾经有很多同学觉得自己出门打车、喝咖啡、住五星级酒店就很牛气，其实那都是公司的荣耀，而不是我们每个人自身的；也并不是你恰好进了某个500强，就代表你能一直闪耀着500强的光，不要骄傲，也不要炫耀。

当实习生，请做好准备再来

准备什么？当实习生需要准备吗？

请准备好自己合适的时间，并且诚实地告诉面试官，你究竟能来几天。能来的那几天是否有课呢？你长期旷课的后果自己是否知道，或者自己是否能搞定成绩单呢？不要面试的时候答应4天，到公司开始工作一段时间了发现自己扛不住了，改成3天。

请处理好自己的校园事务，不要带到公司来。不要在领导走到你跟前的时候，紧急关掉MSN、QQ等各种聊天界面和不相关网页，公司花钱请你来工作，不是请你坐在这里君临天下，坐镇指挥，威慑四方。也许你没有耽误工作，但是老板真的很烦看到这样的。

请学会正确认识自己的能力，不要以为自己特别牛。实习意味着每天至少8小时在公司里待着，你只能回去再处理你的诸如社团、学生会、论文、课业等问题，倘若你处理不好，请学会放弃。无论是放弃实习还是放弃其他事情。我领导曾经在我每天加班的时候跟我说："每当看到你加班到深夜，我很心疼，可是我什么都做不了。"现在我特理解，我理解你很挣扎很纠结很不容易，可是我什么都做不了。

请记得你是员工，不是学生。不要总觉得自己还是个学生，动辄用这个理由让自己做事不完美。随便写两句话就扔给领导的PPT，看都不看就胡乱编的英文报告，不来公司从不请假，或是半夜请假，迟到早退毫无征兆，晚来早走理所当然。

请准备好自己的体力和意志力，写字楼和校园不是宿舍和食堂的距离，特别是一线城市的实习生，坐地铁坐一个多小时是常事，要么租房子，要么坚持来回跑，一定要做好足够的心理准备。

茄子皮跟我说：“我不要牛人，要踏实肯干的人，只要他有手有脚有个正常脑子就行。”可就这么简单的要求，能做到的依然很少。

我问茄子皮：“那些不靠谱的实习生们，你会为他们生气吗？”茄子皮说：“不生气，以前会，现在不会。以前觉得自己看走眼了，现在为他们感到遗憾。也许，这是他们认识社会、认识自己的必经之路，我们可以等，但是损失掉的是他们自己的诚信、坚持、勇敢、能力和机会，只能他们自己去埋单了。”

用生命打造无可替代的简历

勤奋得令人发指

我有一个师姐，我们是在学校的一个公共活动上认识的。她是一个超级大美女，家庭条件也非常好，北大本科生，早我一年毕业。2007年某国际巨头（简称A公司）在华招收6名中国毕业生，她是唯一的女生，唯一的本科。而A公司的待遇可谓是无法匹敌的：第一年美国培训，好吃、好喝、好玩一年，年薪18万，跑车一辆，股票30万；之后回国发展，年薪加18万。那之后，我天天在她博客上看到她周游列国培训游览观光的文章，好生羡慕。她是怎么拿到offer的呢？

她在大学参加了很多社团，担任高层学生干部。

她积极参加了好几个出国的交换以及游学活动。

她学习成绩全年级第一。

她英文如母语。

这些好像都很不错，但是也觉得没什么特别的亮点。

后来，她的舍友跟我说过一句话："我太佩服她了，她大学每天早晨5：30起床读英文1小时，即使被A公司录取后还每天坚持5：30起床读英文，勤奋得令人发指！"

直到今天我都记得这句话，特别是我开始怨天尤人，抱怨不公平的时候，总是想起这句话。她是如何拿到offer的呢？她的简历需要什么特别的装饰吗？也许英文谁都可以学到很好，但"勤奋"足以战胜一切！

真实的干干净净

我一直都极端地鄙视那种给你讲面试技巧、问题答案，甚至笔试答案教你背会的方法，面对面试和笔试，我最想分享的只有几个字：保持真实的你。

每次我去面试，或者对方找我聊聊的时候，我都会坦荡荡地赴约，因为我的简历上一句夸张的话都没有，还少写了不少东西。简历上的每一件事儿，随便问我10个问题，我都能回答得干干净净、彻彻底底。我没有出国交换的机会，也没有抢眼的社会经验，但是我在有限的忙碌和无限的努力当中，让你看到的是我对每一次机会的珍惜，对每一份工作的认真。

我大三时才决定要参加工作，那时候我也刚到北大，简历上几乎没有任何可写的东西，我没有做过什么事情。所以我努力抓住一切的机会，参加北大社团的每一次活动，甚至报名参加研究生会的活动；我白天上课，课余时间做很多的志愿者活动，站过大门，做过跑腿的小二，教过外国人汉语，参加过义工服务，当过热线小工，做过周末超市里一站一天不吃不喝的促销员。这些工作有的赚很少的钱，有的不赚钱，有的甚至还花了很多钱进去，误了很多课，自己一边复习一边哭一边紧张。但是一年后，我的简历写不下了，每当又多做了一件事情要写进去，就要很舍不得地删除一个经历。那时，我开始申请实习生，我没看过面经，没研究过面试笔试的技巧，单纯的一个电话面试决定了我之后的道路。直到今天，我都愿意走在这种真实且坦荡的路上。平和，放心，有底气，都是自己给自己的。

买一面镜子练习微笑

我有一个熟悉的小朋友就叫他林同学吧。我挺看好他，不是他如何牛，而是他的每一点滴的努力让我看得心里踏踏实实的，看了就想跟着下去看看他会变成什么样。他是哈尔滨某二本大学的学生，论学校背景、社会经验完全不能和北京的毕业生相提并论。他大二暑假第一次来北京“鬼混”，妄图实习，但是未遂，自己总结了几大败点：1.经历不牛；2.外地生源实习时间有限制；3.人脉少。于是背着三点回东北继续上学一年，又来北京鬼混了。这次带了点钱，到某培训机构先给自己投资了一笔，2000多“大洋”先撒入京城后立志要做房地产业。于是林同学先找到一个包吃包住月薪1200元的小公司，任务是马路边上发传单，被城管监察扣留了几天。他在京两个月的暑假买了一麻袋的书学习：职场的、人生的、励志的、理财的。林同学的特别之处来自他特别关心自己的成长，愿意一点一滴自我改变，而不是修改简历，比如：他买了一面镜子，天天在家对着镜子练习微笑，因为他的短期目标是房地产界的金牌销售。

每天哭喊着要当销售，想要销售培训生offer的同学们，你们有从练习具有亲和力和信赖感的微笑开始努力吗？

亲爱的，无论现在大学几年级，请一定知道，一张简历，不仅仅是一张纸，那将是你面对所有竞争的自信根源。这种自信，通达心底，扎扎实实，干干净净，彻彻底底，一百个问题都问不倒，每一个细节都顾虑到，这是你的成长，没有人抢得走，没有人替代得了。

Tips：简历里的小细节

前面提到了简历要真实有底气，但是投对简历也是一个技术活，很多时候，求职的失败不是简历的问题，而是没有很好地和招聘计划契合，以及在投递过程当中发生了各种遗憾的小失误，或者对实习有一些错误的认识和行为，比如说：

一、全职的意思是一周五天，不是一周来三天，周末补两天。你要是周末去加班，那显得正式员工也太不勤奋了是不是？

二、英文好，中文更要好。很多小朋友写个中文邮件都语言不通顺，给HR打个电话都不知道怎么问话，这点是需要特别注意的！

三、邮件正文没有一个字，非常不礼貌。发送无正文邮件有两种情况：1.关系非常熟络；2.事先我知道你要发给我某个内容的附件，并且只有附件的内容有用，正文无须再文字说明。其他情况下，一定要再说两句话，哪怕打个招呼也好。

四、邮件正文“撒娇范儿”，哥哥帅姐姐美全篇都是连环画的简历最让人崩溃了！发简历的时候，一定要知道自己是在找工作，工作最需要什么？专业性。因此，首先要表现出专业性。你认真了，HR才会对你认真。不管看简历的人和你是怎样的关系，都不要攀亲戚一样地写正文，会让人非常不舒服。对于任何公司来讲，撒娇卖萌并不是人人都喜欢的方式，特别是在完全陌生的情况下。

五、简历内容要与招聘职位有关联。这似乎是一个挺有共性的问题，收到很多简历，完全看不到和招聘职位的关系是什么。这让人感觉很蒙，而且感觉你是为了撞大运来的，不是认真的。

六、不要套各种近乎，除非这个近乎特别重要，且特别珍贵。曾经收到一个奇妙的邮件，首先她表明自己对我们公司的广州分公司非常热爱，其次讲她的大学四年与我们公司非常有缘分，最后讲和我本人的学校和家乡有如何的缘分。说得我云里雾里的，我也不知道该不该给老板看看。

七、每个经历都那么短，因此必须放弃你。收到一个看上去比较优秀的女孩子的简历，但是显示了两个很可怕的信息。自从大学毕业后，某报社工作2个月，某奢侈品公司工作3个月，现在赋闲在家，真的会让人觉得不敢用哦。

八、来自他人的推荐信或者推荐语，请附上复印件，真实可信最重要。如果真的有很特别的推荐信，要附上复印件，或者当事人的联络方式以表可证明的态度。需要注意的是，推荐你的，或者证明你优秀的不一定非要是名人，可以是你做义工时的组长，可以是你打工洗碗的小店老板。除非真的见过某些国家政要，或者是某些大人物的贴身助理，否则不要用别人的名号扬自己威风，非常狐假虎威。而且，如果你真的那么好，推荐你的人为什么不留你呢？即使不留你，他们也会把你推荐给自己的朋友，为什么你还跑来找工作呢？你看，这就很容易把自己绕进去。

每一个公司都在找适合的人，而不是最棒最聪明最优秀的人。所以，展示自己的时候，要先观察好，再行动，不要用一块盾牌，挡所有的箭！我个人在简历方面思考不多，一些微见，仅供参考。

扫楼求实习，誓当“分子”弃“分母”

林同学带着两个小朋友在北京中恒广场的写字楼里挥汗如雨地“扫楼”，企图碰运气能进入某家知名外企得到面试机会。当时的我，在附近写字楼的某个小格子间里“挥汗如水”地工作，收到了林同学沮丧的短信，心里立刻就明白了，约了他们下班后见面。

扫楼，是很多职业培训学校经常教大家的求职方法，就是到一座写字楼里问每家公司是否需要实习生或者有招聘计划，用此方法来获得和公司零距离接触，运气好的话，有可能获得一些工作和实习的机会。这种方法曾经广为流传，但是成功率不得而知。

见到三位“大侠”的时候，他们已经气喘吁吁，无甚力气，想必是一天的被拒被打击加上身体疲惫所致。我还没说话，他们便着急地开始抱怨：

“那些小前台不让我们进去。”

“你们预约人了吗？知道要去找谁吗？”我问。

“不知道啊，就是扫楼啊，想通过前台，进去问问有没有招人。可是前台太凶了，我们好几次想偷跑进去都没成功，还被赶出来了。”

当年我也参加过类似的求职培训，在接受扫楼这项训练的时候，并没有像其他同学一样激动地立即行动，而是闷在屋子里想了很久。职业培训学校给我们的是通用的方法，但不是保证你或者我这些个体能取得成功的方法，要想取得自己的成功，就要结合自己的状况，具体问题具体分析。

考虑现实状况

1. 北京高校大多集中在海淀区，外企写字楼集中在朝阳区和东城区，公车单程两小时，地铁1小时，光体力可能就要消耗三分之一。

2. 假设我到了财富中心这座楼，大大小小的公司120家，我从上班扫到下班8小时，半小时扫一家，一共可以扫16家，我不能一星期就蹲在这个楼里吧？如果我想尝试一个行业的四家公司，但这四家很难在同一个楼里，那就涉及交通和时间问题。一天下来累得泪流满面汗臭满满的，你就是有机会见到HR，这形象你觉得靠谱吗？

3. 我想进哪个行业的公司呢？如果我还没明白我到底想去哪里，我一天扫16家，我有那么多的时间去查16家公司的资料吗？如果没有，当对方问起来我了解他们公司吗？我该说什么呢？

4. 我还是学生，我还要上课，我还要写论文写作业看书。一周能有几天全没课让我这么疯跑呢？

公司和员工会怎么想

从员工的角度来讲，每个人每天的工作都是有计划的。我们哗啦一下把员工堵在了去卫生间的路上，企图让人家谈点内部的情况或者这个行业的发展以及工作内容。可是有很多的工作在等着他呢，而且在不认识的情况下，他怎么会把公司的一切内部事情口无遮拦地告诉我们呢？前台当然有理由拒绝我们进入，这是前台的工作，为了保障内部员工的正常工作。我们应该想想怎么能礼貌地让别人接受我们的诚意，愿意来帮助我们。

而真正的大公司的实习生都是由招聘计划完成的，不会通过这种莫名其妙的来访完成（当然有极小的例外，但你不能保证你就是那1%的例外）。记得当时有一组同学在闯入某国际顶级咨询公司未遂后，其公司官网第二天就出现了一行字“请勿无预约来访”，这句话真让我们感到羞愧。

最后，做任何事情，必须当分子

做任何事情，你必须当分子，分子还要是1，你才能确保成功率。假设北京一个职业培训班级里20个学生都出去扫楼，全北京同一年有20个班，400个人去扫那几座写字楼，大家都是分母，那谁是分子呢？

说了这么多，到底应该如何去做一个高性价比的分子呢？在倾听了很多同学的失败案例，总结了很多经验教训之后，我总结出了三点：礼貌当先，实力保障，差异化竞争。并由此展开了我的求职“扫楼”计划。

我开始出击的时候是在大三下学期，并且锁定在公关行业的四大国际公司。经过大学前两年对英文的刻苦努力，我基本上能和北京同学水平一样了，同时在北京上学的半年里，我也特别注重通过参加各种社会实践来让自己更有社会人的能力。我没有选择去前台蹲守，而是仔细研究了每一个目标公司的情况，比如仔细研读它们国际和国内网站的内容、客户案例、公司状况，甚至连一些公司展示出来的“员工感言”都看了好几遍，幻想有一天自己也能成为其中的一员。接下来我给其中一家公司的亚太区和中国区的老板发邮件，并没有说我想去做实习生，而是说自己对公关行业感兴趣，自己为此做过哪些努力，还有一些问题想要求教，是否可以帮忙推荐一个人来帮助我答疑解惑呢？不出意外的是，很快我就接到了这家公司HR部门打来的电话，不仅回答了我的问题，也同时询问我是否想要来公司实习试试看？

其实我的做法并不特别，只是很好地解决了之前自己提出的几个质疑的地方。比如用邮件进行询问，省时省力又高效；在给老板发邮件之前，尽可能多地了解这家公司，不打无准备之仗；真心诚意地想要进入这个行业和公司，并愿意花力气去研究基础问题，并准备好比较难的问题（很多人都败在了这一步，问些特别简单的比如什么是公关这类问题，真的没人愿意回答你）；在真正进入公司实习之后，给当初帮助自己的大老板和HR发了邮件表示感谢，谢谢他们相信我的诚意，相信我为此做出的努力，以及他们愿意相信并给我一次尝试的机会。

最后我想说一点，我并不反对扫楼这个方法，也承认扫楼有很多奇迹发生。但是正如“富爸爸”所说的，除非告诉你这件事情的人亲身做过并且成功了，你才能相信，一切的转述你都可以不听或者产生质疑。这话听起来很恶毒，但绝对是真理。就像很多人花重金想和巴菲特吃午饭聊聊股票，但是没人想花钱请我吃饭听我背一遍巴菲特的名言，对吗？

TIPS：投简历，三注意

当你给公司HR部门发简历的时候，一定要有礼貌，邮件正文一定要有内容，写写自己发这个邮件过来是为什么，想应聘什么部门的实习生，询问是否有这样的机会，然后要予以致谢。不要过多地讲自己多么牛，因为此时对方并没有说自己需要人，因此你的重点应该是在咨询是否有机会，以及从自己的简历入手，比如：“冒昧地发送自己的简历给您，不知是否符合贵公司的需求和要求？如果我还不够优秀，是否能得到您的宝贵指点，我有哪些地方需要加强？”一封没有任何正文的应聘邮件，即使再牛，也不会被看好！

要保证自己足够了解这家公司：既然要投递简历，一定要对这家公司有一定的认识和了解，中英文网站必须大致看过，特别是公司大事年表一定要大体知晓，切记不要记得颠三倒四的。如果日后公司给你面试电话，你要让对方感觉你很熟悉他们的公司，而不是支吾半天却说不出个所以然来。机会是留给有准备的人的，面试就像相亲，有准备，知己知彼，才能有火花的碰撞！

记得表示感谢！做事要有始有终，面试也不例外，无论结果如何，都要再发一封邮件过去表示感谢，一来表达自己的诚意，二来有礼貌的小朋友总会有好运气哦！

总之，随意投简历过去，比正式的招聘要更加小心谨慎有礼貌一些，凡事要替对方想一下，看看自己如何做能最大化地方便对方。替别人着想的人，才会有福报哦！

求职路上，如何让师哥师姐来帮你

求职或实习路上，有个靠谱的师哥师姐帮你内部递个简历，实在是一条快捷通达的大道。因此，每当有经验交流会以及各种已经就业的师哥师姐出没的活动，在校生们都争先恐后地参加。因为这种活动不仅可以听到很多第一手的经验，而且能认识自己梦寐以求的大公司的人，加上同校甚至同门弟子的关系，绝不愁师哥师姐不帮你个忙。可是你有没有发现，每次你争先恐后地抢到一张珍贵的名片，并在需要的时候发个邮件过去之后，从来都是杳无音信？或者对方的回信只是泛泛而谈，并无任何有价值的建议和帮助？这是为什么呢？难道师哥师姐都不愿意帮小弟小妹的忙吗？难道师哥师姐已经变得世俗功利，非要收点好处才肯帮我们吗？难道师哥师姐忘记了自己曾经也是从这时候走过来的吗？

其实说到底，师兄师姐不愿意帮忙，最重要的原因是：你是谁？我怎么才能相信你？

“推荐”不是转简历这么简单的一件事儿，这里面包含着推荐人，也就是师哥师姐在公司以及在业内的信誉问题。我想拿自己的一个刻骨铭心的小故事来讲讲这其中的道理：

我在第一个公司实习的时候，曾经给公司的另一个组招了三个实习生来协助某个客户的线下活动。我回学校找了几个曾经一直恳求我帮忙，想要来我公司实习的三个师弟，我只是在某个老师的活动中认识他们，平时素无来往，了解不深。但由于我本人第二天要出差，时间太紧张，因此就随便地说了下这事儿，便把他们的简历转给了公司同事。谁想，第二天我刚下飞机，HR气势汹汹地打电话过来说："你推荐的是什么人？面试迟到，还在公司吵架！以后不要把杂七杂八的人都安排到公司里来！"

我大惊失色地打回电话问同事是怎么回事。原来，这三个师弟彼此都认识，并准备早晨结伴一起来公司面试。由于三个人的面试时间不同，而他们自己以为是群面，时间应该一样，因此其中两人都认为自己记错了时间，于是私自将面试时间统一地调到一个中间的时间，且并未通知公司。第二天公司同事特意早到办公室却找不到人。等三个人来了，公司赶忙开始一对一地面试，其中另外两个学生在等候区等候期间，并未看到公司有人给端水或是送水果来招待，于是和公司HR理论起我们的公司不人性化，不知道给面试者倒水的问题，于是轰轰烈烈地吵了起来。

这是一件多么不可思议的事情啊！我当时拿起电话打给三个"大爷"送上一顿骂，可是放下电话，我开始明白，这绝不是骂了他们就可以解决的事情，更大的问题是我的名誉彻底毁了，我后来半年多都不敢面对HR啊。

社会不是学校，混社会的核心就是"信誉"，而现在我的信誉呢？让三个"大爷"活生生地全给毁了，就像HR说的："以后不要把杂七杂八的人都安排到公司里来！"我同事的签名也改成了："××大学学生太不靠谱了！"之后的一年时间里，任凭多少师弟师妹恳求和拜托，以及各时段公司缺人的邮件通知，我都没有再给公司推荐一个人。

也许你要说："我很靠谱啊，我不会和公司吵架的，我不会这样不负责任的！""我一定会努力，我一定不会半途而废的！"可是，你自己都不知道自己未来会发生什么，需要承担什么，我该怎么去相信你呢？很多同学最大的问题在于，没有足够的能力去承担社会责任，一旦发生一点责任纠纷或者受到一点点的批评，就会想办法逃避甚至彻底消失，而这种事情很多时候是自己预料不到，却是随时可能发生的。

问题是，你逃避了，你逃避的只是一份小小的实习，逃避了当初推荐你的那个师哥师姐，可是当初推荐你的那个师哥师姐就要承担你所丢下的全部工作和责任，甚至要背负你不良信誉的罪名，而且要很久时间。

因此，请你理解，倘若你我仅见过一次，或者仅仅网聊了几句，师哥师姐为什么要冒着声誉危险来推荐一个毫不了解的你呢？

提到这里，我不得不说说另一个正面例子Stella的故事。她比我小一级，且和我不是一个系的，我与她素不相识，但是我们却在某个讲座后相识。之后的两年里，我不仅推荐她进入了她想要去的公司实习，甚至她男友的实习我都全力帮忙。她是如何让我如此信赖的呢？

1. 在最新鲜的时机，用最独特而质朴的方式，让师哥师姐认识你。

那时候，我在一个校园实习分享会上作了15分钟的经验分享，讲座结束后便被水泄不通的人群堵住。当人群慢慢散去，我和几个朋友走到校门口的时候，Stella从后面追上来叫住我。她向我要了一张名片，并没有什么问题要问我，也没有什么事情需要我帮忙，只是一再道谢，并说希望今后还能有机会和我相见。相对乌泱泱问我公司需要什么样的实习生的学生们来讲，追我到校门口还什么事儿都没有的Stella，让我多少有点意外。

2. 及时发邮件跟进，尊重、礼貌、注重细节。

Stella当晚回去就根据我名片上的邮箱地址，给我发了一封邮件，再次礼貌地介绍了自己，并提出是否可以占用我一点点的时间，来询问一些关于我所在行业的基本问题。收到这封信的时候我在忙，于是约了下午6点下班以后聊。结果到6点我又去开会了，于是又重新约定了时间，决定7点钟电话聊一下。7点钟，她没有直接打进来，而是先发短信问我是否开完会了，能否打电话给我。这个时候，我对她的这种在细节上的尊重非常欣赏，并顺利地进行了简短的通话。她的问题无论幼稚还是可笑，我都进行了回答，并且在最后，她提出了想让我帮她看看简历的请求。

之后我才知道，她手机没有飞信业务，是专门为了和我聊天，下午临时装了飞信业务；又因为改成了电话聊，她6：30就坐在图书馆一个安静没人的小角落里等。说实话，我为Stella这些小小的细节而深深感动。我问她要了简历，因为我真的非常想为这个懂礼貌、尊重他人的女孩子做些什么。

3.保持联络，实力不够要去学。

其实Stella的背景很一般，简历上也没有呈现出太多亮点，但是因为这个孩子给我的印象太好，我便很想帮她，于是指出了一些她简历上的问题。没想到的是，Stella回去认真地改了简历再发给我看，之后努力地按照我的指导（其实那天我也是随便说说），进行自我提高。她经常跟我讲最近又做了什么，得到了什么启发，有什么新的机会，自己是否做得足够好等。她不断地把自己的进步告诉我，一年之后，我将她的简历发给HR部门开始面试。Stella的实力在最初并不好，她在明知我不可能推荐她的情况下，并没有选择断掉和我的联系去找一个新的人脉，而是选择在这一年中不断努力。而在这一年的交往中，我有足够的信心对其努力、人品、性格作担保，并最终推荐给HR。

4.过了河还要再修桥。

Stella在长达半年的各种面试，以及各种档期协调下，终于进入我原来的公司工作，但是在另外一个组。能在公司里偶尔见到这个可爱的小姑娘，我特别高兴。我隔三差五会接到Stella的邮件，她给我讲她每天遇到的各种问题和收获。我虽然不是她的直接领导，但是似乎能一直看到她的成长和进步。她偶尔也会悄悄跑到我这里来跟我说说话，让我感觉到她对我还记挂着，并不是过河拆桥的姑娘。她也经常帮助我去思考事情、搜索资料，有时候她为了帮我找东西甚至会忙到很晚。

对于Stella，我有深深的感激，感谢她对我的尊重和礼让，感谢她一路相信我不动摇，感谢她让我重新拥有了一颗愿意分享和帮助他人的心。她和我的相识，以及共同走过的两年日子，也让我学到了很多。也许她未来并不会到大家所熟悉的那些顶级跨国大公司任职，但是我相信，在她的人生路上，会赢得很多人无私的帮助，因为她谦逊，她尊重，她努力，她感恩，而这些才是一个人走入社会成就事业的根本，也是我们每一个人应该共同努力的地方！

当实习生的最高境界

大二暑假的时候，我和Judy一起在一个快消公司实习。正值暑期招实习生的时期，公司招募了大批的实习生，并且制订了详细的实习生培养计划。我们像一堆长得很一样的小飞虫们，呼啦啦地飞进了这个租了写字楼好几层的跨国公司里，遍布在其内部的上下左右。那时候的我们，同在一个起跑线上，每天堆在一起没完没了地发快递，没完没了地搜信息，没完没了地印资料，没完没了地发牢骚。

Judy比我晚来大约两周，她第一天来的时候穿着一身校服坐在门口的座位上。那时候所有的实习生都在一个小房间里，我们称之为“小黑屋”。她来的时候坐在了外面，因此似乎我们对她有些生疏。只是在吃饭的时候，偶尔问了一句：“那个穿校服的女孩，要不要叫上一起吃饭去？”

或许，Judy从开始就和我们不一样。

区域同事来了以后

几天以后，公司在全国的各个分公司和代表处都派来一个人到北京总部参加为期两个月的培训。这一行人浩浩荡荡有二十多个，突然出现在本来就很拥挤的公司里，落脚于实习生小黑屋旁边的玻璃房子里，天天培训，日日上课，只有吃饭时间才成群结队地出来。

而这个时候我们发现，Judy总是和那些代表处的同事一起下楼吃饭，但我们也没有多心，依然自顾自地去买外卖，吃完了就去附近的大商场逛逛，看看哪里又打折了，哪里又上新品了。即使那时候根本买不起，也是愿意听着商场里一遍中文、一遍英文、一遍日文、一遍韩文的各种信息广播，然后互相抱怨公司的实习工资是多么低廉，连件好看的衣服都买不起。

区域的同事在北京待了两个月，所有的实习生都在自己的组里忙，有的忙着盯销售额度，有的忙着做渠道规划表格，有的天天忙着做各种报告，有的天天在外面跑着看店面，只是在中午吃饭的时候大家在一起，控诉自己的工作是多么无聊，自己的领导是多么爱下班的时候找事儿，自己的团队是多么的不团结……总结起来，就是这个公司不像原来想的那么好，这个公司非常不把实习生当人看！义愤填膺的气氛中，大家都慷慨激昂地表示，暑期实习结束就离职，不能再继续了，这样的日子违背了自己的初衷，打碎了自己的梦想，每天无非是复印、扫描、快递、填表，自己的文采、见识、广博、创意在这里一无用处。

两个月暑期实习结束，我向公司申请继续留下来实习，而有一半多的实习生已经提包走人了，以前壮观的实习生小黑屋里只剩下我和另外两个同学。我们的日子开始清净起来，毕竟人走了大半儿，活儿也熟了很多，做起来又快又好，于是有了更多的时间上网逛逛看看，悄悄地聊八卦……

某天下午，秘书在门口喊："区域同事要走了啊！大家出来送一下！"

正式员工显然对区域同事很熟悉，又拉手又拥抱，依依惜别就是这个场景了。我和其他实习生站在小黑屋门口，对，就是站在那儿。反正我们也不认识他们，他们也不认识我们。于是就站着，等大家都抱完了，开始挥手拜拜的时候，我们也在人群后象征性地摆摆手，笑一笑，然后就算这事儿结束了。我转身的瞬间，看见了Judy。

Judy和区域的同事们一起慢慢在楼道里走，从大门走到电梯口，一边走，一边拉着手热烈地讲话，感觉好像认识了很久很久一样。二十多个人和Judy眉开眼笑地说话，哈哈大笑，Judy在其中俨然一个红人，被很多人拽着不放开。而Judy本身也非常享受这种感觉，热情地和大家道别。我不知道他们在热情地讲什么，大概因为如果是我，我根本不知道要和他们讲什么。我只是在最后的时候，听见Judy特别有感情地喊了一声：“各位哥哥姐姐！你们要常来啊！”

我只是按照领导的要求看看位置

后来的日子，我开始跑店面了，看看超市的新货有没有摆放在显眼的位置上。其实就算没摆放到好位置，我一个实习生能如何呢？无非是回来报告领导罢了，难道我能吵一架把东西都摆一次？我就是个实习生，我一直记得这一点，谁会听我的呢？

某天中午，在一个很小的社区超市里买食物，顺便看看产品位置，突然遇见Judy一个人在很角落的位置“吵架”，我赶紧跑过去问她：

“怎么了？”

“我这产品怎么能放角落里啊！这谁看得见啊！”

然后转身指着一排货架跟超市工作人员说：“我就是××公司的，中间这个位置多少钱？我们的货为什么摆在那么偏的地方？”

领导并没有跟我讲过摆货架也是有讲究的，没有跟我讲过不同的位置也是有讲究的，我只是按照领导的要求看看位置，回去描述一下，然后交由领导自行处理。从来没有多想这里面是否还有别的故事，也从没有想过我是否可以代表公司谈些什么，更没有尝试过问一句为什么会有这里和那里的区别。而且，我一直以为摆放位置是超市的规定，一直认为超市里到处都是人，哪里的货品都能够被平等地看见。

她是唯一一个可以谈薪水的毕业生

后来我和Judy都回学校上课了，也都相继离职了。我一直觉得，Judy是那种能将一件事情做到极致的人，而我们只是想在简历上加朵花儿。我们总是觉得自己是实习生，不用太努力，出事儿有领导扛着，怪谁都怪不到我们头上来，我们是有大大的保护伞的实习生。还不一定做多久呢，因此可以为所欲为，可以不用那么用力地往前冲，不用着急地认识新同事，不用建立什么商业合作关系，不用太深入地了解一个地方一个行业，而一些行业里的小故事从来只当八卦讲讲，从未真正上心去思考些什么。这一切，Judy却做到了。她不论到哪儿都自来熟，别人不熟她先熟；她在任何行业都特把公司当自己的，用力用心用脑子；查店面她就看老板安排了一次，剩下的她都尝试自己去解决，去试试看。

毕业那年，我们几个熟识的朋友里，Judy毕业的起薪明显高出我们很多。我们好奇地问她为什么，她说：

“我从大二就开始进入社会了，认识很多人，也做过很多事儿，虽然我是个实习生，但是我打赌我比正式员工做得更多，了解得更深入。我必须比别人的薪水高，不给这个价儿，我就走人了，我不干的！”

这话，我真的相信！

Judy在那个暑假和区域同事吃了两个月饭，便迅速了解了那家公司大中华区区域销售的情况，而这些知识和内容，我们大四才从书本上当考试重点读到。当我们后知后觉地一次次重新回到起跑线出发的时候，只有Judy这样有远见的有心人早已跑到了很远很远不需要跟我们比的地方。

实习的意义在哪里

当我们都觉得自己的实习公司越来越牛的时候，当500强的名字挨个写在我们简历上的时候，当我们已经牛到开始用实习生工资的高低来做选择题的时候，有没有想过，每一份实习，我们究竟做了多少具体的事情？为什么每次实习都是从打杂开始，并生生不息地打下去？有没有那么一次，我们能踏实下来，不带任何炫耀和功利色彩地投出一份简历？有没有那么一次，忘记公司的名字，全心全意去研究一下自己手上的工作究竟能学到什么？

每个实习生都在喊工作太辛苦，公司不把自己当人看，事情太多钱太少，这不是自己理想的公司，这不是自己梦想开始的地方，可是否有人愿意把每个简单的工作想得再往前一点，再深入一点，也许就柳暗花明一劳永逸了？每个实习生都在抱怨工作内容没意思，无非就是填表格打电话发快递复印东西，你是否仔细地思考过这些工作内容，是否有一题多解的方案？如果在公司的快递无法按时送货的时候，你能否立刻给领导三个备用快递公司的联系人、解决方案和报价，而不是单纯地站在领导身边无辜地说一句：“领导，他们说送不到了。”

实习，不是要去一个牛叉的公司里做很多很初级的工作，而是要通过这些初级工作，来让自己完成从学校到社会的转换，让自己有一个接触社会、认识社会的机会，并通过这些机会来一步步让自己体会到自己的优势和劣势、能力与喜好，以便让自己在毕业的时候迅速融入社会，选择一个适合自己兴趣的工作。因此，实习更多的意义，在于给你一个机会思考、思考自己、思考社会，以及自己缺少什么，自己喜欢什么。而那些工作内容反倒是次要的，发快递、复印东西这等小事儿难道初中生做不来吗？

很久以前有句古话，叫作“当机会来临的时候要抓住它”，或者叫“机会只光临有准备的人”，但Judy的故事告诉我，机会是不能等着它自己来了以后再去抓的，机会是要靠自己创造并抢先一步夺来的，是靠不断地认真积累换来的。当别人不认真、不负责、不上心的时候，便是最好的下手时机。

那些面经、技术帖和标准答案呦

每年的11月，都是校园招聘的旺季，很多大型的职业培训学校纷纷开始轰轰烈烈地招生和宣讲，BBS上散落着各种面经和开放性问题的标准答案，更有一些教大家丢掉做人底线的技术帖被置顶，比如《与公司毁约、违约的技巧》《如何将别人的故事编成自己的》等。年复一年的战役即将打响，看到网上那些节操碎了一地的帖子被热捧，我心里总觉得很是别扭。

面试是沟通，不是做题

几年前我也大四，那个时候我也上过职业培训课程，简历怎么写，衣服怎么穿，一遍遍地模拟面试练习，背一本《经典面试300题》的书。那时候的我生性慵懒，照猫画虎地把简历搞得能拿出手了，却怎么也背不会经典面试题目的答案，面对如何写出一个符合自身情况的标准答案更是烦躁不已。挨门挨户地去看网上的面经，学习别人的经验和技巧，这些让我想想都头疼。我这么不在乎前人的宝贵经验，是因为我太自负了吗？当然不是，其实我只想做我自己。

这时，怕是有些同学要说："做自己，别逗了！公司要找的不是你，是符合他们要求的人！"当然，每一个公司都不是在找优秀的人，而是在找适合他们公司的人。

但你有没有过这样的经历和体会？

每次面试前，我们站在楼道里默默地背诵着什么，仿佛要进入的不是一场沟通大战，而是一次期末考试的战场；每次面试时，我们近乎声情并茂地“朗诵”完自己的完美答案后，却看不到面试官惊艳的双眼抑或甜美的微笑，取而代之的是他们眉头紧锁，毫无表情地问下一道题；我们每次面试回来都会在回忆的过程中，突然捶足顿胸地懊恼某一道题的答案没有回答完整，之后一整天闷闷不乐，最后会在网上把自己的懊恼之情抒发成一篇新的面经。

可是我们有没有想过，什么是面试？什么是笔试？他们为什么要花这么多的时间和精力与我们做这样的游戏？招聘公司究竟要什么？

而我的顿悟，源于在第一家公司时接受的一次采访。

在第一家公司工作到第三年的时候，我被公司选为年轻员工的代表，参加美国某电视台的采访，半小时的一对一采访让我提前一个月就开始紧张。我心里一直在想，采访前，他们一定会给我一个问题列表和相应答案，我大不了就是花些时间把答案努力地背会，并在镜头前表达出来就好。在采访前一天的沟通会上，我才发现美国媒体不会像咱们中国媒体那样，有随时备战的化妆师、造型师、服装师，甚至有问题列表和答案提示关键词。采访前，我唯一被告知的信息只是：You need to tell them your story， experience，your passion.（你只需要告诉他们你的故事和经历，以及你的热情。）

后来我了解到，这个电视节目要在全球不同的国家采访不同行业、不同领域、不同背景的人是如何看待传播的。因为被采访者不同，答案也一定不会相同。采访和对话的目标是人，而不是答案。这就好比你去面试，那是去沟通，而不是去做题。

那个采访的结果如何，画面是否好看，我的英文是否还算顺畅，我都不太清楚，但是那半小时的节目里，我非常放松，讲出了很多我之前没想过的问题。这让我突然觉得，沟通的乐趣在于你用真正的热情讲述自己的观点和看法，而不是把标准答案甩给对方。我曾想过用英文回答15分钟一定很难熬，可在现场，我却发现半小时如白驹过隙般迅速。后来我想，如果我被给了一些英文答案，并要求全部背会并在导演和主持人面前讲出来，面对耀眼的灯光，我是否会紧张得忘词？采访过后这么久了，我是不是会一直担心那天讲得不够好，英文不够流畅、标准，又或者我不会像那次采访结束后那样，主动跑到领导办公室汇报：“太好玩了，下次我还要玩一次！”而是像以前一样怨念地说：“唉，我忘掉了一点没说！”然后懊恼好几天，觉得自己对不起公司！

具体信息具体分析，结合自己、特立独行

现在，已经有越来越多的公司，开始警惕职业规划学校培训

出来的模范学生和模范答案，他们也已经开始关注网络上关于自己公司的面试和笔试题目的泄露，并且都纷纷启动了“Reference Check”，就是寻找你的前雇主，来发现一个真实的你。面对这样的招聘态势，我们该怎么办？

面对网上那么多实用资料，难道真的就一点都不用看吗？真的能那么洒脱地啥都不准备就去面试去笔试吗？如何才能既掌握已有的信息，又能让自己挥洒自如呢？面对这么多弥漫在每个板块的资料，我们应该如何进行分拣和提取，又该如何为我所用呢？

1. 行业信息

行业报告是大家一定要阅读的，因为你可以从中得到很多关于整个行业大体的信息，比如《中国公共关系业2012年度调查报告》，其内容包括了Top10公司榜单、最有潜力公司榜单、行业发展状况和行业发展预测等部分，由此可以看到整个公关行业的现状。如果你对公关行业有兴趣，这样的一个行业报告首先能让你了解到公关的整体概况是如何的。需要注意的是，这种行业性报告有时候并不全，因为每年都会有一些公司不参与调查。

2. 面试和笔试类信息

这是大家最喜欢最热衷的帖子，也是最容易被影响的帖子。比如网上的《欧莱雅面试、笔试经验帖》，这样的帖子一定会受到万人追捧。八成你也会情不自禁地打开看一看正确答案吧？这些帖子里一定会写到面试的提问有什么，重点是什么，面试官是谁，他穿什么衣服、长什么样，习惯性的表情是什么……碰到这样的帖子，你只需要看看面试时HR问了什么问题，顺便借鉴下别人的回答即可，但是切忌把拿到offer的人的答案当自己的答案，更不能胡编乱造一个“集大成”的答案。否则面试官一高兴继续追问几个细节，你就很容易歇菜了。这个时候，最重要的是要根据自己的实际情况，准备一个专属于自己且不同于别人的答案，即使你的答案不牛，但是足够真实就好。

而笔试的分享帖子常会出现公布全部题目的情况，比如宝洁笔试里的逻辑题，同时帖子里还会提供标准答案，选A选B还是选C。碰到这样的帖子，你一定会觉得很兴奋，好像自己一只脚已经进入了公司的大门。但你要知道的是，现在很多公司的面试官平时都会上一些知名求职招聘网站看自己公司的面试笔试题是否泄露，也会看到网络提供的“大众答案”都写了些什么。因此他们很容易鉴别出你说的是否是自己的答案。笔试，应该培养的是自己的思维方式和掌握正确的解题方法，而不是对标准答案的记忆。有很多时候，题库会被临时更换，一旦遇见你没见过的习题，心理上会立刻崩溃，因为此时你的能力仅在于记忆，而不是对方法的掌握。渔和鱼，选择要谨慎！

3. 提问类

如果在网上看到提问类的帖子，比如“明天要去××面试了，我该注意什么？”或者“简历的照片贴在什么位置好？”遇到这样的问题你不妨自我思考一下，如果被提问的是你该怎么回答。这样的问题之所以能被大家提出来，一定是因为它们本身就属于比较纠结的开放性问题。我个人觉得不要过多地看这类帖子，特别是别人的回答和大家的议论，因为它会让你的观点摇摆不定，甚至在真正的面试时让自己丧失观点和立场。

如何面对自己没有准备过的题目

当然，除了网上的问题，招聘方有时候也会出一些新颖的题目，比如我知道的很多大牌企业都有自己的题库，很多时候你以为自己读过了面试宝典或者笔试问答400题，但还是遇见了完全没见过的题目，怎么办？

不要慌张，也不要觉得自己一定会被淘汰掉！这如同小时候的考试一样，即使遇见没有练习过的题目，也一样要发挥自己的创造力和想象力，给出完美的答案。你不妨这么想，新颖的题目一出，网络上往往还没有相关的讨论，答过的人也不多，这正是体现你个人独特之处的好时机。

我大二的时候，参加过某著名快消公司的面试，当时被问了这样一个问题："陈述自己喜欢什么水果以及喜欢的原因。"当时我是一圈面试者的头一个，来不及仔细琢磨就得站起来回答，我说："我喜欢香蕉，但是我说不出为什么，就像你喜欢一个人一样，喜欢是没有理由的。"这个答案很无厘头，后面的19个人比我多很多的思考时间，可说出来的答案无非是"我喜欢苹果，因为很甜”“我喜欢橘子，因为皮可以泡水”！他们想了很多很实际的理由，但是越往后越没有亮点了。

后来某一天，HR跟我说，其实这是一道很标准的心理测试题，不同的水果代表不同的个性和特点，但是我的理由让他们眼前一亮，感到非常不同，因此特别记住了我并留下了很好的印象。这样一个小小的经历，让我在之后的求职实习大潮中，很坚定地相信，自己的想法和创意是非常重要的，所谓的面经、答案、技巧什么的都是浮云。再后来，我在最心仪也是最难进终面的公司笔试卷子上有一个题目一题多解，甚至在卷子上留下电话号码，表示我还有答案4和5，但是没时间了，如果您有兴趣，还要麻烦您电话我，我再告诉您。两周之后，电话响了，他们没有问我4和5，只是说：“大家对你的笔试很满意，你愿意来进行终面吗？”

如果你非要那个热门职位

某一天，我应邀参加了一个大四学生们组织的模拟面试活动，本来担心自己工作时间不长，对其他领域知之甚少，唯恐指导不了，但是当我听完一圈20个人的自我介绍之后，我发现这群学生，无论什么背景什么专业，目标职位都集中在两个方向：

Marketing（市场）和Sales（销售）。

我有点措手不及，又有点惊奇，听完他们的自我介绍后，我有点不知道该从什么地方说起。这么说吧，不到20个人里，我至少听见8个人的方向是市场和销售，其中有至少3个人是××公司的市场部门，剩下的里面我至少听见3个人说方向未定，还在观望。

12月，知名外企的激战正硝烟四起，而一旦进入1月，便意味着外企的战役开始尘埃落定。我特别理解每一个毕业生想进世界500强的愿望，当年我也是这样的心情。但是面对众多跨专业求职，不顾背景地厮杀一个热门职位的局面，有两点请一定要明白：

一是明白你在申请什么，二是如何让自己与众不同。

首先，我们来说说，销售和市场都在做什么，有什么差别呢？

当我问的时候，没有一个人能讲出来超过三句话的答案。在求职者的印象里，市场就是拿着几百万去想办法花掉，砸出一个个漂亮的金花四溅；而销售就是守着几个大客户的电话，一年做几个单子，看着自己的产品成卡车般地卖出去。

事实上，我对市场和销售的理解不算太多，但是也从该行业的朋友当中了解到一些。我见过在某著名糖水公司的销售，在入职不到一年的时间里，跑市场没有吃饭的时间，一直累到胃出血而离职；我见过师姐在世界500强的一个企业里，每天骑自行车跑北京的各大超市，最后被累得完全没有女孩样儿；我也见过我远在深圳做化工销售的同学，每天（包括周末）23点之前别想打通他的电话，因为他时刻在跑客户，做业务，坐长途大巴车。有一次，我们刚挂了电话，我出去洗个脸，回来想起来还有什么事儿又打过去，就没人接了，因为他累得迅速睡着了。这都是做销售员的起点，不知道大家是否都能清楚地认识到并愿意去接受这样辛苦的开端。而市场部门要统管很多事情，比如公关、广告等各个方向的交叉运作，核对每一个广告页，和公关公司制订计划，遇到新品诞生、大的活动时要周游全国，这不是在全国免费旅游豪爽花钱，而是在承担极大的压力。

在这20个孩子中间，有学管理的，有学化工的，有学考古的，等等，当大家扔掉专业差异走进同一个领域竞争的时候，一定要清楚地知道自己在申请什么。在这种情况下，我推荐大家一个快速的方法，就是读职场小说和专业职场杂志。虽然职场小说都是滥俗的故事，但是你们从中可以看到真实的职场环境，清楚地知道你们在申请什么，这个职位有什么琐碎的事儿，有什么漂亮的事儿，然后你再对照自己是否合适，是否能胜任，是否还有激情，再作决定。

其次，是与众不同。

我知道应该说你们不要扎堆，不要跟风，要分散，20个人都能竞争成这样，在全国你们不得被挤死啊。

但是我也知道说这些没用，宝洁、欧莱雅、联合利华、卡夫、雀巢、玛氏，这些光辉字眼背后的荣耀、薪水、福利、培训体系都具有非凡的吸引力，而归根结底薪水是最大的吸引力，宝洁和玛氏的起薪众所周知，令人心驰神往，如果你申请别说你不为钱，谁都不信。当你们都承认这一点的时候，我们只能来谈谈如何在这个圈子里与众不同了。我模拟面试了两个应聘A公司（某化妆品公司）的小朋友，我问他们为什么想来A公司，他们都谈到一点，对A公司的热爱。但是你们是怎么来表现你们的热爱的呢？A公司旗下有什么品牌？有什么子品牌？每个品牌的代言人都有谁？有换过人吗？你是否用过A公司的产品？这些官网上肯定都有，而女孩子们每个月翻阅各种时尚杂志的时候，有留意过A公司的新品吗？有什么功效？针对什么人群？新广告有什么亮点？如果A公司的产品太贵，咱学生买起来困难，那么就抛开面子找个专柜，让一线销售员给你把每个产品都讲讲，也会受益匪浅。

什么叫热爱，热爱就是不惜一切代价想要了解，热爱就是能抛开面子用所有的方法和手段去得到，热爱就是看到他家的广告就激动得好像那公司是自己开的。当你真正为一个公司痴狂的时候，你才能在面试中滔滔不绝地讲自己的心里话，讲自己的热爱，讲自己的激情。当你讲到你去过专柜不顾销售人员的不耐烦而试用过所有产品，当你如数家珍般地讲出欧莱雅的所有产品及特点，当你讲出门外几千几万竞争者都讲不出的那些发自肺腑的激情的时候，我相信你会震撼到一些人。而不是千篇一律地背自己手里的演讲稿："我是一个有责任心、有挑战性、热爱美的女孩子，我热爱A公司，我想我一定能胜任……"

前几天，我收到一个挚爱宜家的网友的信，让我帮忙看看她写的求职信，在求职信的最后一段，她写道："非常感谢您耐心地看完我冗长的文字，希望您能体会到一个热爱家居热爱生活的我，对于宜家的炽热感情。每每看到网络中盛传的宜家样板间样图，我就由衷地激动。那些亲自用双手和辛勤打造出来的美丽空间，让我感到由衷的幸福。我热切地希望能成为一个宜家人，从扭动一颗螺丝钉，搬运一个箱子开始，坚实地种下我的宜家梦想，一个充满爱与温暖的梦想，用心为每一位顾客提供最好的家居服务，与更多的人一起分享宜家产品以及宜家带给人们的不同精致生活，这是我最大的梦想和幸福。"这些话听着就让人感动，让人觉得感到阳光一般的温暖。

无论是焦躁还是急切，每个人的内心要清楚你热爱什么，你想要什么。一块土地挖到足够深才能成为井，才能出水；每块土地刨一下，只能是一个个坑。当岁月的风沙轻轻滑过，坑会变成平实的土地，什么都没有留下，而只有井，才会有永久的痕迹，即使有一天不再出水，不再对你的生活有益，至少这是一个大大的深深的烙印，烙在你永远奔腾向前的生命里。

那些职场里的名校学生们

经常收到很多普通高校同学的来信，问到关于自己和名校生到底有什么区别的问题，比如：

“如何才能像北大清华同学那样坚持学习和努力？我为什么坚持不了？”

“是不是只有名校学生才能进好公司？职场里的名校生到底哪里不一样？”

“我也很优秀，为什么没人看见我？我好好学习，得奖学金，为什么没人要我？”

也许，职场里的名校生确实有不一样的地方，这个不一样不是在成绩单上，而更多的是在心里。所以，我想谈谈我在北大交流学习的时候，是如何被“折磨”的，虽然只有小小的三方面，却足以改变我后来的人生态度。

我没读过比北大更有名气的学府，所以只能拿北大来举例子。我到北大上学已经是2006年了，第一学期让我着实不适应了一番。

首先，开学给个课表，从早晨8点排到晚上9点，其中，中午12：30～14：30有一节课，晚上18：30～21：00有一节课，都是饭点儿的课。这两个时段的课程别说去食堂吃饭了，买个面包再换个教室就已经很紧张了。于是，我学会了忍饥挨饿地坚持上课。

其次是读书，我读的是文科，开学的第一节课，老师发了一个书单，上面林林总总列出20～30本书，文学书，商学书，还不乏外文原版书籍。于是，在没有教科书的情况下，我们学会了争分夺秒地阅读每学期的几十本书。虽然这些书籍不是关乎课程的，但是读了总比没读要强一些。就是这些书，迫使我们在每一个夜晚捧书攻读到凌晨时分，还要随时应对老师课堂抽查和各种奇怪的小论文。

再次是社会活动。北大活动太多，乱七八糟的事儿能把一个人的生活搅得一片浑水，别说是上课了，就是普通的社会活动，一会儿要商业大赛，一会儿要实习，一会儿要参加比赛，一会儿要社会实践。每个人都不落下，每件事儿也不愿意落下。我曾经很诡异地发现，凌晨1点钟是学生很活跃的发短信时间。大概是因为大家10：30下自习，再开点各种小会，再回去洗漱完毕，开始能够处理个人事件，发发短信联络感情的时候已经在凌晨了。而那时，我也经常在夜里两点收到小组同学发来的策划书或者论文作业。

我回忆不起来更多的什么精神压迫，但是在北大的这三点体会让我印象深刻，同时也受益匪浅。为什么公司愿意招名校的学生作为实习生甚至是正式员工？我终于明白了其中的原因。我一直都觉得北大也就是高考成绩高一点吧，后面还是要看个人发展。但是经历了两年的北大生涯，以及观察了各种北大学子的生活之后我才明白，名校意味着更坚韧的态度，更坚持的内心。这两年中，我学会了在半小时内吃饭和换教室；我学会了大中午上课还要精神高度集中地记各种奇怪的听不懂的笔记；我习惯了上课时一回头，看见某帅哥捧着一寸厚的英文原版书顺溜地阅读；我也习惯了期末考试全部结束后依然到图书馆学习学习再学习。这些很硬的东西也许并非来自个人意愿，也许更多来自环境的迫使，但名校的孩子学会了承担压力，让内心坚强，并能更好地平衡自己的时间。当我明白这个道理的时候，我也学会下意识地强迫自己去承担更多的责任和事情，希望自己也能变得和名校生一样优秀，而不是自怨自艾。

我的很多北大同学，现在漂泊在各种很有名的公司，麦肯锡、宝洁、IBM、中金等，他们几乎每一个人都在此之前经历了漫长的实习以及艰难困苦的面试。记得四年前快毕业那年，我即将在著名的K公司转正的时候，在很多学校做过关于实习和找工作的分享会。很多同学都问了我同一个问题："你觉得究竟是什么让你能成功地转正，拿到我们都很想要的offer？K公司很少招应届生的呀！"其实没有什么，只有不停地坚持，只有不懈地忍耐，因为这个时候的我没有资格讲什么条件，有人肯给我一个舞台，就应该好好干。我记得大四最后一学期，周一到周五要在公司上班，晚上熬夜写毕业论文，周五晚上坐一夜火车回东北的学校参加考试，周日晚上再坐火车回北京，这样的日子持续了整整两个月。最后一门考试结束后，我以为我会松一口气，可什么都没有，我心平气和地走出考场，看看和平日一模一样的操场和校园，心里特别踏实。

我以为就我一个人那么痛苦地挣扎过，于是四处询问那些已经顺利入职，且发展进步非常快的员工们："你们当年是怎么过来的？"

“晚上写论文啊，还有周末。下班到晚上睡觉不是还有两小时吗？”

“就坚持着啊，一边上课一边写论文啊，我做出国交换生的时候，也是前十分钟还在打工洗碗，后十分钟已经上课了。”

“都是挤时间啊，哪有那么多整块的时间啊，白天来实习，遇到课就坐公车跑回去上，写作业写到凌晨两三点，早晨8点起来继续上班上课啊。这也没什么，都熬过去了。”

有时候，坚持坚持一直坚持，就能成就一件事儿。谁都知道要烈火才能成凤凰，比你优秀的人都在一直努力，你还在等什么呢？

俞老师的联系方式

有个网友来信，说她想要邀请俞敏洪老师来自己的大学做讲座，因为他从没来过自己的学校。但是，这个网友苦于没有俞敏洪老师的邮箱地址，这可怎么办呢？于是写信来问我哪里可以找得到。

其实我有，但是我不能轻易给出去，因为我希望你能用尽所有力量来追寻一个自己想要的东西，我希望你能体会一个完整的、为一个小梦想奋斗的全过程，虽然这话可能说大了，但是我想让你明白“百折不挠”的真正含义。

为什么要特别用这个标题写文章？因为我也曾很努力地找俞敏洪老师的地址，很努力地写了感人至深的文字并把他感动，终至他同意来参加学校的活动，并担任开场嘉宾致辞。我可以给你讲讲我是怎么找到他的地址，并且跟他联系上的。

我忘记是大几的时候，研究生会主席抓了几个本科的学生联合起来做一个论坛，我作为外联部的成员之一，中心任务只有一个，邀请俞敏洪老师来学校参加论坛，并作为唯一的开场嘉宾致辞。这个问题难度很大对不对？

俞敏洪老师在哪儿？在中关村的新东方总部吗？在飞机上飞着？在加拿大的家中享受儿女之乐？

俞敏洪老师的地址是什么？写信到新东方总部？有秘书肯定帮我拆了，然后发现丁点儿个不打紧的事儿就把我灭了；写邮件给俞敏洪老师？地址是什么？他知道我是谁吗？如何能让他给我回信？

分析了一圈，不能自己把自己圈死了，这么想问题，没有一条是活路。怎么办？那就从最快的电子邮件地址入手，逐个击破。

1.查新东方网站的地址，查到了结尾的orientalschool.com后缀，但他是用中文还是英文作为前缀呢？又是怎样的顺序呢？这个就很难猜了。那个时候我还没上班，因此还没有摸到什么规律，即便是现在也很难猜到。我见过用大写字母作为前缀的，也见过名字全拼的，也见过中英文结合的，而且出现在同一个公司里，规律很难找到。

2.发现一个以staff.orientalschool.com.cn结尾的后缀，更加迷惑了，整个晕菜了。

3.尝试从总机上问一下，用脚趾头想都知道没戏。

4.找了个同学蹭了节新东方的口语课，中间下课去问代课老师怎么能联系到俞敏洪老师呢？未遂。

5.上Google上百度查了好几天，没结果，我也早知道网上不可能有这个。

6.买新东方的杂志找找看，也没有！

7.最后一击，必中：某个周二上午上课的时候上网，突然发现一条消息，俞敏洪老师今天晚上在距我学校4小时火车车程的城市的新东方分校，做签名赠书活动。

当时是上午11：00，上午第二节课的前半节刚刚下课，我看了看表，抓着书包，把银行卡号留给同寝室的人（我第一次冲动地跑到一个陌生城市，怕出事儿，又怕钱不够，所以留给同学，在紧急的时候打钱进去），然后回宿舍换了衣服和运动鞋就奔火车站了。戏剧性的是，当天的火车没了，我跑到了对面的长途汽车站，买了最近的长途大巴，好像花了50多块钱的学生票，就浩浩荡荡地自己坐车去了。我从小极少坐长途车，连坐个小巴都要挑汽油味比较轻的，结果那天因为没吃饭，胡塞了点蛋糕和水，一路吐了五六次。可怜的大巴卫生间基本让我一个人占了一路。走到半路的时候，还短信忽悠了一个同学坐后面的大巴跟上来了，只是会比我晚到1小时吧！下午4点多到达目的地，又自己在公交站坐了好几趟公车七拐八拐到了新东方，开始死等！此时已经人头攒动，我也分不清哪儿和哪儿就跟着排队了，一直到签赠开始。

轮到我的时候，接过书什么都没敢问就过去了，我一想，不对，我跑这么远不是为了这本书，得问问联系方式才算没白来。于是又去排队，正好给后到的同学领一本书。又轮到我的时候，我鼓起勇气问了句："俞老师，能给我个您的联系方式吗？"他微笑着开口："××××@××××.com。"我赶紧记下来，颠儿走了！晚上，拉着同学在漆黑而不知名的马路上行走了两小时，找到一家每人25元钱的小旅店住了心惊胆战的一晚！

8.回来以后我写了封邮件，简述了我们这次活动及想要邀请的事宜，被拒！

我又写信给了秘书们，还是婉拒！我想换人请新东方的其他高层，结果全部默拒！

9.最后又厚着脸皮地写了一封感人至深、发自肺腑、切中要害的信发过去，从头到尾都快字字泣血了，这下俞老师不仅答应了，而且是从当天去另一个活动的中途赶过来，致辞完以后再赶回去，中间1小时给我们的活动了。

这个结果怎么样？我想还不错。那封信是什么？为什么能打动他？这是研究生会三个主席都问过我的问题。这封信不是在吹牛，也不是在哭穷，更不是在假慈悲，而是我把这件事从前到后全部串联起来，告诉俞老师，在他不知道的时候，以及他不知道的地方，有一个小女生，在完全没有任何门路和技巧的前提下，用了多少时间，一个人走了多远，在陌生城市的黑夜里担惊受怕了多久，才拿到这样一个珍贵的机会能与他对话；而那天，在他随手在一本书上签下名字之后，以及他抬头微笑着说出一个邮箱地址的时候，是如何让一个小女孩相信“百折不挠”与“锲而不舍”究竟是怎样的含义。这封信真的是发自肺腑，而绝非表面抒情。

可能这不算一个梦想，或者只是为了完成一个组织上交给的任务，但是我更愿意把它定义成一种信念，一种从无到有的破釜沉舟，就像新东方那句喊了很多年的校训：“从绝望中寻找希望，人生终将辉煌！”

而这之后，我便永远相信，只要我想要的，没有什么得不到，只是看我究竟有多么想得到！

20条金科玉律，献给职场小将的你

回顾我四年半的职场经历与14个月的实习生涯，遇到过不同的领导，做过不同的工作，被不同的人教导过，也带过实习生，也有过咬牙切齿恨铁不成钢的时候。我想写写我被教导的和我教导别人的那些道理，虽然那些道理看起来过于严苛，但是却让我，或者说让我曾经愿意花费心血来培养的实习生得以迅速地成长。这些年，有无数前辈帮我从校园走进职场，又帮助我在职场上走出自己独特的道路。20条金科玉律，献给职场小将的你：

1. 任何工作一定要从前到后全部做完，如果老板只让你做1，要自己想想这个事儿有没有2和3，如果老板没有时间教全部的过程，请自己多想想。推荐一个小故事——《买土豆的故事》。

2. 如果中途遇到无法完成的问题，一定要及时问老板，不要等着老板去追问你。老板之所以交给你，是相信一个公司精挑细选出来的大学生，是可以完成类似追一个媒体问问是否收到快递的小事儿。如果老板问起来，请不要告诉老板对方没人接电话，或者对方找不到。有问题发生，不要把问题丢回给老板，一定要想办法解决，职场是一个只要结果的地方。一定要有解决问题的能力，当你开始动脑子想办法解决了所有的问题时，你的思维能力和工作能力才能有所进步。要做一个思考者，而不是工作者，要有自己的价值。（这是我在转正前接受的最重要的一个教育，这也是一个学生到职场最关键的转变。）

3. 实习的时候，你不需要知道你同事一天的工作到底是什么，虽然现在很多职业教育学校让你尽快了解这一点。我们每个人的工作都是不固定的，每天的项目不同，做的事情完全不一样。有时间的话，多检查一下自己的简历是否流畅，或者增加一些实践经验。

4. 了解每一个行业从做好每一件小事儿做起，不仅包括做完做好，更包括由此而引申出来的所有的方法、沟通、隐患、技能，你是否都思考得到。只有对每一件小事儿做到面面俱到的了解和掌握，才能往前走得更快一点。

5. 如果今天实在没事儿干，那就看看和业务相关的网站，学习一下前辈的心得。任何一个细小的工作都有很深的水，学无止境。不要和其他的实习生结伙聊天有说有笑，好像在聚会的样子。不要无聊地上网聊天、灌水、八卦。这些你可以在宿舍舒服的床上完成，不用不远万里地来公司完成。（当年我们就很像聚会。）

6. 一定要思考一下如何体现自己的价值，而不仅仅是去费力地工作。有过实习经验的同学一定能发现实习生总是觉得自己工作很累，而正式员工越到高层似乎越轻松。其实不然，高层的辛苦是我们想不到的，只是高层更加会管理自己的时间和各项事情，而不会总是抓狂。高层所表现的不是轻松，而是有序。(我想这很重要，我曾花了一年的时间才意识到这个问题，希望你们能明白得早一点。)

7. 请不要问××公司薪水不高为什么要继续做，为什么不去替别人考试或者帮别人攒书。成长比成功更重要，何况暂时有钱不叫成功，而且永远有钱也不一定就是每个人想要的成功。

8. 请不要在向你的领导表示了对公司和行业的热爱之后，再问一些类似于“公关到底是做什么的”之类的问题，要问就问点有深度的。

9. 你可以穿得花枝招展，也可以笑得天真烂漫，但是请不要在公司骚首弄姿。

10. 请不要根据工资的多少决定是否留下来，除非这地方真的没法保证你的温饱问题。前三年是要积累和沉淀，而不是要求所得。走得深你才会知道你是个啥都不懂的小白菜，菜到你自己都觉得你可能是被误招的。（我经常会菜到这个地步。）

11. 工作上如果有任何问题，太累或者工作量大都要和领导说，不要一直撑着。不要半夜回不了家还要骂公司变态，没人知道你根本做不完。

12. 工作在公司做完，一个实习生不至于要把工作带回宿舍去做来显示自己的重要性，好像没了你公司就会毁于一旦。回学校多读书多学习专业课，假期就去玩。工作和生活要平衡好，不要实习一下就搞得你的世界天下大乱，那是无能的表现。

13. 不要以自己的立场去想公司的利益，不要认为自己旷工去看演唱会有利于创新能力的发展，回来还说老板思维固化，故步自封。上班时间是你产出的时间，不是你积累的时间，你上学的时候干什么么了？公司不为你的个人成长和学习埋单，聪明点的话你应该知道让自己从工作中得到成长和锻炼。

14. 读书，读很多书，读各种书，让自己尽快地成长，不要求你有一张成熟的脸，但是要有一颗成熟的心。不要在年纪很大硕博毕业后还在思考一些幼稚的譬如为什么公司不是你理想的那个样子的问题。

15. 学习能力不等于工作能力，学校里拼智商，社会里拼情商。情商太低的回家补课去，别回学校大骂公司怎么怎么不好。

16. 如果有条件的话，请尽可能在入职的时候选择一个做事专业，甚至严苛的领导，而不要根据哪个领导是你师兄，或者哪个领导长得帅，哪个领导不严查你的报销来决定。前三年的扎实基础，专业精神和工作标准对一个人的未来具有深远的影响，也是你未来跳槽是否能拿到你想要的薪水的重要底气。

17. 能力有大小，但是态度一定要积极，如果作为实习生都吊儿郎当地想推活儿，上班迟到下班就跑一到吃饭就积极踊跃地弹跳，那还是回被窝里躺着去吧。

18. 做一个纯洁的实习生，不要钩心斗角，哪怕是实习生与实习生之间，这是一个所有前辈都愿意无私教你一些什么的年纪，胸怀宽广才能海纳百川，多好的不交学费学技能的时候。

19. 如果对业务不熟悉，请自行加班加点来研读学习。而不是在领导问你点什么的时候，说自己是新来的还不清楚，但下班就立刻跑掉消失。

20. 做任何工作心里要有一杆秤，要学会假设自己做的东西就是要直接交给大老板的，中间没有任何人帮你修改，你要交的就是成品。能力大小可以培养，过没过脑子领导一眼就看得出来，依赖心理只能让领导不再给你重要的事。

尽管职场严苛，纪律严明，步步惊心，但请一定保持你的个性，这个很重要，无论何时何地，只有一个你自己。倘若真的抵触得厉害，请至少保持“外化而内不化”，至少要坚守一点心底的东西。还有就是要有一个梦想，一个目标，这样你才有动力摆脱浑浑噩噩、纸醉金迷的社会生活，才不至于让自己变得俗不可耐。

Part 3

没有了眼前的工作，你还能做什么

“长江与黄河，它们路径不同，但却同归大海。我们的生命也如同一条河流，不是要流向坟墓，而是要流向宽广深邃的海洋。在刚刚起步的那些年月，如果眼前的这条河流被阻挡，你是否能立刻转战其他支流，越流越宽广，最终找到一条属于自己的主航道？”

——赵星的博客

你打算什么时候从重复中惊醒

2007年9月到2008年6月，我大四，全职实习，每天早晨坐两小时公车（当时北京地铁少而贵）上班，忙忙碌碌的一天之后，再花两小时下班车程，看尽三环一路霓虹闪亮。回到宿舍一般在晚上9点，吃饭，打闹，写点作业，上床睡觉。后来，我搬到离公司近的地方租房子住，每天浑浑噩噩地上班下班，回家洗衣服擦地板，和同屋的女孩聊天，然后就睡觉了，第二天又开始了。时间久了，我总是觉得似乎有什么地方不太正常，好像我的生活全部都是工作，除此以外我没有任何能干的，跟不同的人交流总是有障碍，我对社会不了解，而别人对学校的事情没兴趣。这个时候我意识到一个问题，我没有平衡好我的工作和生活，除了工作，我的生活没有一点颜色。而这个时候，花菜在加拿大做交换生，经常打电话告诉我她那里的钢琴房是多么梦幻，那里的枫叶多么漂亮，连那里街头的雪景都让人觉得分外艳羡。这让我纠结的心更加纠结。

我躺床上想了很久很久，我一直想要学钢琴，也一直想要开一个博客来写下我成长过程当中的点滴思索和进步，还一直想要做公益来让自己成为一个内心幸福的人。可是我一直都在等，似乎在等一个更好的时机，也似乎是在等有钱的时候，或者是在等我内心准备好了吧。我就这样想着，等着。不停地把自己的想法告诉更多的人，我要这样，我要那样。但是，迟迟没有行动。

6月份看自行车大王标哥的专访，八十多岁的老爷子，说得最多的一句话就是："有些事情，现在不做，一辈子都不可能再做了。"那时候，我一个人在酒店的房间里上网八卦，和同学描绘自己的各种想法，扯得群情激昂，可是就在那一瞬间，这句话突然惊醒了我。

我腾地坐起来打长途回北京，找到早就预约好的钢琴老师，请她开始给我排课程。我打开写到2008年12月就停止了半年的新浪博客，看到2000的点击量，看到那些歪歪扭扭的文字，开始一点一点把我写到各个不同地方的文字重新转上去。回到北京后，我火速订了去四川的机票，我开始托很多人给我找一些需要帮助的小孩；我开始将自己工资的一部分建立起一个小小的基金会，每月存一点点的钱，希望时间久了可以多一点，可以帮助别人。同时，我开始用心去旅游，每月存固定的旅游专用基金，好让我在有时间旅游的时候能够走得远一点，看得多一点。我找了斋老师给我普及古典音乐和股票知识；我开始用心扩大自己的人脉，邀请别人吃饭来交流沟通；我开始学着鼓励别人、赞美别人，而不是像以前不喜欢的就不理，理也是打击别人。我把书架里的英语书拿出来开始背单词，看英文电影，看美国电视台的节目，我开始到书店买各种书来读、做笔记。我开始着手很多一直在计划里的事情。

三个月后，我能坐在钢琴前面完整弹出《kiss the rain》，甚至可以听简单的曲子自己写谱子，老师说我让她很诧异；我开始跟着斋老师听古典音乐，用心体会阿巴多的精湛；我开始学着看股票的走势，读财商教育的书籍，学看年报，尽管我好像还不太能看出什么门道；我成立了“星光成长计划”的公益项目，已经有了四个私人捐助的项目，并且得到斋老师的慷慨相助；我开始写博客，写成长写职场写生活，关注的人越来越多，我认识了精彩各异的朋友，创立了自己的品牌和风格，甚至每天会收到至少十个网友的邮件，文字也慢慢地能成为文章直接发表了。我看到了外滩银光闪闪，我也看到了重庆灯火辉煌，尽管这地方很多人出差过，但是我没有出差机会，那我自己花钱走。我始终记得一句话：“如果环境不动，那我自己走。”

我认识了很多不同领域里特牛的人，与其学习受益匪浅；也认识了很多不那么牛但是很善良温和的人，感受信任与真诚的味道；而我一直最重视的英文从听不懂公司开会内容，别人笑我也跟着笑，却又不知道为什么笑的地步，到和外国人沟通自如，甚至学会跟外国人吵架发脾气。

一个美国朋友说，他印象里我是个特别努力工作的人，因为每次找我吃饭我都很忙很忙。可是现在我更忙了，除了工作还有那么多要忙的事情。我告诉他，我没有觉得很忙，在过去的一年里，我做了好多好多的事情，我学会了把每件事情安排得井井有条。当生活的天平中除了工作又有了别的内容，工作和生活才可能变得平衡。他惊异地看着我，看着我在他面前说着比去年流畅得多的英文，浅浅地微笑，真心又美好。

这一年，我迅速地长大，因为我真正开始行动，生命才发生了质的变化。很多时候，我们以为有了很好的工作，生命就有了意义和保障，可是生活不是只有玫瑰色，很多时候我们需要站在玫瑰色上伸头去看看别的颜色，并时不时地把别的颜色拿过来和玫瑰色搅和一下，看看能出什么花儿。

工作的8小时，决定了你的专业知识，你赚钱吃饭的能力，以及支撑你成为一个社会人的全部支点；而工作外的8小时，才能决定你究竟会成为一个什么样的人。

从“我喜欢”到“我是专家”

大过年的，某人力资源总监给我打电话聊我的成长。她知道我在过去的一年，看到的花花绿绿的世界太多，各种诱惑层出不穷，特别来给我压压惊。

“做HR这么多年，看过很多的员工变动，有的人抓住了很好的机会，有的人却始终左右横着走，这其中最让人感到惋惜的是，自己不知道想要什么，不知道应该怎样得到自己喜欢的东西。无论哪个社会，哪个行业，在社会分工极细的今天，我们缺乏的是专才，而不是什么都会做一些的人。当一个女孩子成长到一个不大不小的年纪的时候，如果还没有一个属于自己的独特才能，那么她只能将自己的注意力转向家庭。”

接着她的话，我继续想：

与此同时，职场上新生代的力量越发强大，那部分女人的不平衡和失意的感觉越发强烈，这时候她们便会将所有的不快发泄给丈夫和孩子。而男人的事业恰好在三四十岁的时候达到巅峰，孩子又已经长大到不那么依赖母亲，那么这时期的女人很容易变成怨妇。很多家庭的分崩离析都是从女人的唠唠叨叨和无故发火、猜忌开始的。因为这时候的女人，职场确实没什么大事儿了，多余的精力就只能放在家庭了，精力太多了以后，就开始没事找事了。

我曾经和V大美女在北大度过了两年美好的学生时代，那时候我们经常会为一些鸡毛蒜皮的小事动个情，小女生都容易被一些破事搅得心脏崩溃。有一天，V同学突然很哲理地讲道：“我们太容易被小事所干扰，因为我们的生活里没有什么大事。如果我们每天都忙得鸡飞狗跳的，还有空为这些小事伤神吗？”

恍然大悟！

转回去话题，说专才的问题。我在入职两三年的时候，总觉得自己会了一些东西，就开始得得瑟瑟地觉得自己了不起，可是如果这个时候跳槽呢，是否真的就能一步升天？怎么可能呢？不管去哪里还是做杂事的位置，还是做很多的执行工作，甚至还不如现在。很多事情，在两三年的时候只是“会了”，但还不到“会”且有一定“深层感悟”，甚至上升到“理论知识”的高度，而后者才是决定一个人的高度、水平、内涵，或者说薪水、职位的关键。“会了”，一个工作找个初中毕业生连续做两年，也一定“会了”，何苦要找一个本科、硕士，甚至“海归”来做呢？

HR问我：你喜欢什么？

我说：我喜欢×××。

HR又问：那你为此作过什么研究，读过什么书吗？

我说：没有。

HR又问：你不是喜欢吗？那为什么不去做呢？你试试之后才知道，你到底是喜欢这个名字，还是喜欢其中的内容啊！

我想了想，我一直等公司给我创造条件和环境，一直说公司没有人带我，可是我为什么不去主动学习，自己找师傅，自己去看大量的书，参加培训呢？

HR说：我知道你现在对这方面非常关注，但是你还没有到专家的地步，你还仅仅是一个名博。我希望有一天，你不仅仅是一个名博，一个网络红人，而成为一个具有深层思考能力的专家。摆脱那些皮毛的东西，成为一个不可撼动的人。

我承认这段话让我很警醒地看到未来，而同时这段话也是我过去一个月一直思考的问题。我必须让我的“我喜欢”变成

“我是专家”，这才会足够牛逼。在面对花花世界的各种诱惑的时候，最关注的应该是自身那些不会变化的东西，比如知识、内涵、修养、对事物的认识、对行业的精通程度等。为了涨2000元的工资，让自己作出仓促的选择其实是不值得的。如果一个人主观上不积极努力，不主动寻找资源，那么他到哪里都还是原来的样子。

其实月薪5000元还是7000元，和自己未来买房买车并没有太大的关系，毕竟与动辄几百万元的房价相距甚远。那么不如不去计较这些得失，把已有的钱投资自己，心无旁骛地做一些能让自己钻进去的事情，一年之后，一定会发现一个不一样的自己。

原来这就是核心竞争力

有一天，我看到地铁上的一段话：

学生：老师，我很喜欢摄影，但是我不想学下去了。

老师：为什么？

学生：因为大部分摄影师都赚不到钱。

老师：那你为什么不去做一个自己喜欢，而且又能赚到钱的摄影师？你怎么知道你做不到？

我默默地看完，默默地走开，回家开始写博客。

一天、一周、一个月、三个月、半年……

我每天写，经常写到凌晨，不管多累多忙都坚持写。

我一直相信：

如果我每天坚持写至少1500字，一定会有写得顺畅的一天。

我是一个表面聒噪，但是骨子里很闷骚的人。

我总是相信，在一个很小的地方扎下去，总会有一天能看到一些不一样的东西。

于是，我只做两件很微小的事儿：写作和让PPT会“笑”。我不断地写，不断地画，不畏他人的声色俱厉，嘲笑打击。

我接到越来越多的约稿，我听到越来越多的声音：哇，我发现我手边的杂志都有你的文章。我看到文字被越来越多的人分享，我收到来自海外网友激动的邮件，我听得到我的PPT“微笑的声音”，看得到欣喜的眼神。呀，原来，这就是核心竞争力！

核心竞争力是什么？不是你会做，我也跟着做，而且努力比你做得更好。而是你们所有人都做不到的，我做得到。不管我做得好不好，也只有我能做到，这很难，因为需要很勇敢的内心，坚持到底不放弃。

回答一个小网友的问题：

“从个人发展来说，我不大愿意成为一名程序员，虽然我天赋很好且内心挚爱……原因一是中国社会现阶段对程序员不重视；二是国内在编程方面的好氛围不多；还有一点就是我不希望看到自己天天接受辐射而中年秃顶……”

别人不重视程序员不代表会不重视你，氛围不好不代表你所处的氛围不好，为什么不努力让别人重视你，并成为能引领新环境的第一个人？

这真的有点难，有点像我带我妈去旅游。我说：妈，我准备带你去马来西亚玩一圈。我妈说：你自己去，我走不动，旅游太累了。我说：可是，还没有开始走，你怎么知道你会走不动？

在一条充满荆棘和鲜血的路上
会有很多的塞车和强盗
也会有很多公交、地铁、出租车
不能因为看到塞车就不出门
不能因为遇见强盗就不带包
你要做的只是
带着自己的小刀，不断地换乘公交、地铁、出租车
跑得比强盗远
出手比强盗快

你的标签，是什么

我曾经见过一个同学做了一个职业测试，说他适合做艺术，

但是他发现他所在的城市没有艺术方面的工作，于是只能每天坐在家里发呆，完全不知道自己该干什么了。

很多同学毕业的时候被一些社会培训贴上各种标签，觉得自己特别洋气，比如觉得自己特别适合金融，适合记者；如果被贴上的标签还有那么一点点显赫的味道，比如投行啦，咨询啦，商业精英啦，仿佛自己真的就有那种职业的气息了。仅仅靠做了几道选择题，仅仅靠貌似有经验的培训师跟你聊几句话，就确定你是什么样的人，恐怕不是太靠谱。

曾经有个关于星座的学说，是一群科学家找了一群相信星座的人，又找了一群压根儿没听过星座这种东西的人做实验。相信星座的人测试表现出了与自己星座契合的性格特点，而那些没听说过星座这回事的人，却完全混乱了，他们的性格多彩多样，根本跟星座契合不上，这让占卜学家们很是恐慌。我还听说过，一哥们一直以为自己是狮子座，也一直按照狮子座的特点来生活，有一天他发现自己其实是白羊座，立刻就混乱了，不知道该怎么生活下去。我不知道这两个故事的真假，但它们是“标签学”的有趣例子。再说个小故事，曾经一位给很多网络媒体写每月星座运势的姑娘悄悄告诉我：“星姐，这些东西都是我这个连星座都认不全的人写出来的，一篇文章给100块，我就赚个小钱而已，你可别真信。”那是个南方姑娘，网聊时说起这件事，惊得我仿佛发现了天大的机密一样窃喜。

很多人问我当初是如何给自己定位做公关的，而且定位得还那么合适。真的合适吗？其实每个行业都苦逼，但每个工作都能有所得。我当年毕业只是听说有这么个职业，听着好玩便找了个公司开始实习做起来。世上没有哪个工作是十全十美那么契合人心的，公关也一样，里面有我喜欢的擅长的事儿，也有不好玩的厌恶的事儿，怎么办？我这种什么背景都不怎么样的人，哪有资格挑挑拣拣啊，那当然是都要做，耐着性子去做。某次媒体写软文写得太差了，没时间改了，我直接重新写了一个登出去了，编辑大喜，之后约我写点小软文开始练笔。各种二逼狗血八卦吐槽日子里，发现了自己写作的功底，发现了自己的沟通能力，于是生出一个枝杈去写博客，再生出枝杈去做访谈，慢慢演变成写书，拍电影，做编剧。而毕业那年，按照曾经做的一个很贵的性格和职业测试来讲，拍电影写书编剧这样的事，根本就不是我的性格能做的事。

只是，这些意外的经历，让我开始相信，人应该相信自己的生命可以是绚烂多彩的，而这一切的根源，要靠自己去努力尝试，拼命让自己去触及不同的方向，吃得了苦，受得了罪，才能挖掘到自己的潜能，让自己的世界越来越美。

现在越来越多的职业教育，特别是大学生的职业培训，经常在一个小朋友刚毕业还不知道自己擅长什么的时候就给他做一个测试，然后告诉他，他的未来应该在哪个领域展开。而对于小朋友来讲，他们在花了几千元的培训费后很容易听信这些时光机一样的东西，以为擅长做那样的事情，别的一旦被迫涉猎，便觉得违背了自己的性格，不遵从自己的内心，真的是这样吗？当然不是说你认识自己不对，而是我觉得，在一个人刚刚完成学业，什么都不知道的时候，就让一些奇怪的测试来决定自己适合什么样的工作和人生，这事儿有点儿扯淡了。其实人是不断发展变化的，性格爱好潜能都是。你必须亲自去试一试，打破别人设定好的“擅长领域”“性格能力”，那些你所不知道的潜力，才会从四面八方赶来拥抱你。

就好像上学之初，没人会告诉你你适合学语文还是学数学，只是让你都要学，很久以后你会发现自己哪科更擅长一些；上班也一样，虽然不能100%按照自己内心的兴趣和好奇心找到满意得不得了的工作，但一定不要过早相信各种人为制造的标签和限制。成长的意义就在于，不断尝试和探索自己，不断发现与解决问题，让自己看到越来越宽广美好的世界，手忙脚乱，却坚强勇敢地奔跑！

也曾羡慕过家境好，学习好，看上去啥都顺利的同龄人，直到读到一句话：“一路顺风，只是一种平庸。”

顿时觉得，世界对我真好！

没有了眼前的工作，你还能做什么

周末一直在家看一些职场明争暗斗的书，战火纷飞，你进我退，左躲右闪，在这些职场小说换汤不换药的套路中，我似乎从这些文字下，俯视到了一个职场全景，同时发现了另一个自己，钻在书页的旁边，试图看到这些纸张背后的一些门道。

“所谓职业规划，最直白的解释就是搞清楚我是谁，我要到哪里，我在哪里，我有什么。然后知道自己该做什么，坚持下去。人生职场不过30年，而这30年的职业规划就像是三张财务报表（资产负债表、损益表、现金流量表），如果每个阶段的时间和内容对应得很合理，你的职业生涯就会事半功倍。”

这是书里对我影响很深的一段话，一下子让我想起了阿里巴巴前副总裁卫哲的职业生涯。在他第一个10年当中，他发现自己缺乏财务知识，便放弃了高薪和有司机接送的日子，到普华永道做了一个普通的咨询顾问，为的是在这里系统地学习全部的财务知识，学习真正的商战当中活的现金流问题，来弥补自己在财务方面的不足，从而为其日后的高管职位打下坚实的基础。

在我们每一个人的前10年中，大部分人每天在纠结自己工资少，工作累，经济危机一来，忙着出去扒活兼职，却发现自己除了本职工作没有什么特长可以糊口了。因为长时间以来我们将工作当成了唯一，不断地付出并索要回报，当我们逐渐被枯燥而反复的工作榨干的时候，回过头来却发现自己孱弱而萎靡的身躯好似残花败柳，无力与世界抗争。

每个人都有毕业入职的那一刻，都有信心百倍阳光青春的年华，在我们步入社会伊始，总是能够看到自己的不足，拼命学习来提高自己。但是第二年、第三年呢？我们开始看到职场的黑暗，开始学会明争暗斗，开始看到投机取巧能赚钱，于是慢慢走上了这条嗜血的饿狼之路。整个征程中，我们从未回头看看自己还有什么不足，是否皮毛不够漂亮，是否身姿不够挺拔，是否奔跑速度不够迅捷，是否技能掌握不够全面。于是，我们慢慢走进了一条死胡同，越来越窄，越来越饥饿，但竞争却越来越多。殊不知，生命中有许多宽广的河流都可以流进最终的海洋。

在经济危机浪潮中，翻阅网络职场BBS板块，很多人都在讲如何在经济危机中省交通费，省饭钱，但是吃饭坐车这种事儿，能用多少钱，又能省下多少钱呢？很多人为每个月省下500块钱而沾沾自喜。而那时，我的一位师兄却以三倍薪水光荣跳槽，几十万元的年薪让我们决定宰他一顿特大餐。他大学读计算机，研究生读计算机智能，在著名跨国公司实习了半年即将入职的时候，突然发现自己有知识漏洞，便放弃了18万元的起薪和即将到手的各种优厚福利，回到学校，申请延期一年毕业。这一年，他转战于商学院、金融系，并蹭课在哲学和中文这种与他工作毫不相干的学科。一年之后经济危机，他的底薪比去年要低很多，但是几个月后便在经济危机的浪潮中，三倍跳转，凌空一跃，让所有人措手不及。师兄手里有一张资产负债表，他看到了自己的负债，并下决心开始恶补，而坚决不看损益表。而我们是否能够做到呢？

其实，我们可以想一个最简单的问题：“如果没有了眼前的工作，我们还能做什么？”兼职写专栏？你文字功夫如何呢？

网络开淘宝店？你想卖点啥？给小孩当家教？你还记得课本长什么样吗？很多以写作为副业的好友，平日里业余时间读书写作，每月给媒体写稿子的钱就能过活，这样工资就可以一分钱不花地存下来。而名人老徐的例子就不用讲了，导演、演员、作家、杂志出品人，她不断地尝试不同的领域，让自己完全跳脱了“偶像新生代”的小圈子，将生命带入了完全不同的境界。对于他们来讲，在工作的前10年，不断地尝试新的事物，发现自己的潜力、弥补自己的不足，尝试努力让自己干成一些不同的事儿，最终找到自己真正热爱的领域，才能为第二个10年打下稳固的根基，让自己在第二个10年毫不犹豫大踏步地往前走。

长江与黄河，它们路径不同，但却同归大海。我们的生命也如同一条河流，不是要流向坟墓，而是要流向宽广深邃的海洋。在刚刚起步的那些年月，如果眼前的这条河流被阻挡，你是否能立刻转战其他支流，越流越宽广，最终找到一条属于自己的主航道？

另外8小时

有感于这个话题，因为最近看的一本书，关于工作外的8小时。

这本书里有一句话：如果你对糊口这件事已不耐烦，你必须改变。如果你想搬出小公寓，或者买大房子，坐头等舱，想要驾驭自己的梦想之车，你就要在这剩下的8小时里，从一个全职消费者，变成兼职的创8者[1]。

很早就听到过一句话，每天晚上8～10点的时光，将决定你过怎样的生活。回想自己每天下班后的日子，不禁颇有一些共鸣。我是从三年前开始下班后写博客的生活，那时候刚毕业，职位低，加班多，每天都要工作到10点才能下班。我给自己定下一个目标，每天至少要写1500字，雷打不动，哪怕写到凌晨两三点。这样强逼自己一段时间，果真写起来畅快了很多。之后一切与工作无关的成绩，想来想去，都是以这个博客起家，慢慢四散开来，无论是认识更多奇妙的人，还是出书拍电影，都能慢慢推导回这个博客。

有人会说，自己下班很晚，每天累得要死，回家只想洗洗睡了，或者看看《非诚勿扰》罢了，哪里有精力去做别的事情？其实谁没有经历过艰苦的时光？很多时候我们会给自己找借口，比如“太累会猝死”“明天再做吧”“真的一点力气都没有了”。于是，日子一天又一天地熬过去，什么都没有改变。太多的人只会抱怨工作无聊，薪水太低，想要逃离，却从来没有逃离的勇气，其实是没有逃离的能力。我们很少会对自己下狠手，宁可掉在万劫不复的深渊日复一日，也不愿从电视机前挪开多看一页书。励志传奇每天都在上演，每个人都会真心地敬仰那些经过艰

[1] 创8者：不满足于白天的工作，希望在剩下的8小时做一些与众不同的事，创造更多的自我价值。

苦奋斗成功的人士，却也慢慢对励志故事中的奋斗路线内心疲软。所有的励志故事都仅仅是励志故事罢了，永远也没法和自己产生共鸣。

其实，能做一份自己很爱很爱的工作是非常幸运的，大部分的工作都是为了领薪水过生活，如果你有远大的抱负和自认为天赋的才能，那就要试试这8小时另外的时光，而且要对自己足够“狠”。拒绝饭局和K歌，拒绝聚会和郊游，真正坐在家里一段时间，好好看一本书，或者研究自己喜欢的东西。或许你会说这太不利于享受生活的美好，但鱼和熊掌不能兼得的道理是亘古不变的。想跟成功人士一样游山玩水还能同时赚大钱，首先要走过从普通人到成功人士的那段路。

如果能真正利用好这下班后的8小时，为自己创造更多的自我价值，是一个真正能让人静下心来的好方法。如果你现在有一件下班以后要做的事情，那么上班的时间总会很专注于工作内容，因为最大的目标就是争取不加班，也因此没有时间去参与没完没了的明争暗斗和没完没了的同事八卦。如果有一天，自己把工作以外的内容做到足够养活自己，或者足够平衡自己上班时候的苦闷，那应该是个很完美的状态。

现在我自己的生活看起来规律有序又纯粹。每天早晨7点起床，7：40～9:00写作，之后去上班，下班后是陪伴家人的家庭时间，读书1小时后睡觉。周末家人睡懒觉时起床写作，下午是雷打不动的家庭时间，也有足够的时间做一些自己想做的事，又不会妨碍与家人在一起的家庭时光。最重要的是，写作已经成功地变成了我的减压方式，工作压力大的时候，想到回家以后就能安安心心地写作看书，精神立刻振奋起来，而在家写作的时候，仿佛全世界就只有这一件事存在，什么工作、报告、邮件，通通都消失了。

用多一点点的辛苦，去换取未来大大的幸福，小小的副业计划则能开创你的人生。当你对自己利用剩下的8小时创作出来的成果抱有无比的热情时，就可以挨过最糟糕的时光。

苦逼了就辞职弃学去旅行

周末在一个组织分享旅行的心得，关于台湾旅行，抑或别的地方，我并不是旅行达人，因此甚为苦恼。我不愿给大家再去讲关于台湾的风景和美食，也不愿意讲旅行的意义了，很多话说了太多遍之后，会让人陷入一种极端的误区，以为这就是该有的生活，但是好像并不是这样。

第一个演讲的姑娘讲述了自己辞职去旅行的故事，讲了很多内心的纠结，以及因为偶尔的经济困难造成的困窘。姑娘还小，估计是1989年出生的，工作一年半攒了3万元，独自旅行精神可嘉，但是在那些尼泊尔、泰国等国家笑脸照片的背后，我突然想起我上一个公司的老板跟我在前段时间的简短对话：

老板：最近怎么样？

我：不怎么好，我又想去旅行了，不想上班。

老板：能afford吗？

我：你说钱吗？

老板：我说的不是钱，我是说你一次次出去，终究每次要回来，你如何处理一次次地与现实再次融合？

我很突然地想起了这段对话，在那个姑娘讲故事的时候，我瞬间改掉了预想好的讲话内容，换成了这段话的思考。

在目前这个人人苦逼、压力巨大的时代，每个年轻人都自命不凡，都觉得自己有两把刷子，不该苦逼地坐在小格子间里填破表，做没完没了的PPT。要做，那也必须有高额的加班费，无限制的打车费，一年20天的带薪年假，外加各种诱人的诱惑，这样才能体现出自己牛逼哄哄的价值。如若不然，便觉得生活是黯然苦逼的，没有希望的，自己的光芒是不被发现的。于是，每当有人环游世界，或是出去个半年一年，还能幸运地红极一时的，便觉得自己也该拥有那样的生活。媒体也有越来越多的极端宣传，比如人活着就是要看看这个大世界，不去旅行你会觉得世界就是你眼前的这个样子等。这些话都没有错，但是到了还没有经过历练，没有一点点事业和成就的小年轻人身上，便滋生了蛊惑的味道。

在我的第一本书《从北京到台湾，这么近那么远》签售会结束后，我换了更好的工作，所有人都觉得我太幸福了，要什么有什么，但是我发现，在之后长达四个月的时间里，我没有办法将注意力放在工作上，或者说我没办法把眼前每天的苦逼与旅行在外的各种豁达、自由、无拘无束串联在一起。收放自如、能屈能伸这样的词对我显然失去了作用。开始我以为是工作本身的原因，可是仔细想想，那时的工作比起以前轻松很多，环境也更加自由开放，这都是我以前想要的，但是到手之后，我为什么会变得不快乐？现在我突然明白，是我没有afford起旅行的自由与现实的束缚，并且一意孤行地认为现实也应该是自由的，且我的价值就应该是旅行时展现的那样。于是，我一次次动了再出发的念头。于是，四个月里，我去了四川、贵州和云南，每次离公司出走一周，回来并不觉得这些旅行缓解了什么，反而是加重了些什么。看起来，我依然没能平衡这一切。

旅行，实在是一个容易让人心智涣散的方法，跟散瞳孔似的，十分钟散出去，收回来可就久了。所谓的旅行的意义，看看世界的意义，真的有那么大吗？

Afford的似乎并不只是这些，对于年轻人，特别是工作前五年的年轻人，afford的还有自己的职业生涯。说起职业生涯，似乎是个很俗套的词汇，很多新新人类唾弃之，觉得自己玩回来一样可以继续工作，于是有一个词“ Gap Year ”备受推崇。每次想到这个词，我总会有些紧张，大概是我身在一个朝夕变化太快的行业里，且有很强的紧迫感。对于间隔年，我想说其实我更喜欢“间隔月”的方法，因为一来没什么大刺激让你用年来调整；二来对于工作五年以内的人来讲，一年不断花钱还没收入，不用一年，三个月你就慌了；三来对于职业生涯来讲，过长的断层会让身心不在状态，对行业的人脉关系与业界动态发生严重断层与陌生感。这背后有一个隐秘但很犀利的逻辑：工作开始时月薪平均是税后3000元左右，好不容易历练了一两年，可以升职加薪一点点了，但是你离开了整整一年，或者三个月，市场会让你之前的努力几乎归零；当你再次回来的时候，好的话能加1000块钱，坏的只能找一个3000元的工作继续做；攒了半年不吃不喝一万八，一出门机票签证先干掉6000元。如此循环，你的旅行永远是穷游。这没关系，问题是你是否有梦想带上养育你二十多年的父母也来一趟旅行？但是你舍得让他们也跟你去1美元的旅馆，还是吵吵闹闹的青年旅社六人间？

我记得以前看到小S微博的一句话，大约是她从哪里奢华地带着全家人旅行回来，她说："我每天很努力地工作，所以我值得拥有这样奢侈的旅行！"这句话让我感触很深。谁不想在五星级酒店泡个玫瑰花瓣澡，谁不想睡在干净柔软无人打扰的大床上？

前几天的百度达人大讲堂上，有一个人叫郭怡广，1966年出生于美国纽约州，自幼酷爱音乐，曾学习钢琴、大提琴和小提琴，16岁开始练习吉他。1989年，他和丁武、张炬一起组建了后来轰动中国摇滚乐坛的唐朝乐队；2010年6月21日，出任百度国际媒体公关总监。他说了一句话："人应该有一个vocation（事业），更要有一个avocation（爱好），最最重要的是，要知道两者的区别！”

我想，这才是我们应该推崇的人生。不是非A即B的极端，也不是放弃A奔向B的逃避。有一天，我们都要回来。你并没有甩掉这个让你不满意的世界，而是这个世界甩掉了喜欢逃避的你。

职场第四年，拿什么去迎接

你有没有感觉到，一个人的职场前三年，会充满各种干劲儿，各种充沛的能量，各种熬夜都没关系，各种想法呼之欲出？可是过了前三年，看多了职场黑幕，认清了付出与回报永不可能成正比，听说了各种一夜暴富和一夜成名的故事之后，你是否还相信努力就一定可以有回报？对于女生来讲，职场三年后最小也是25岁了，人体各种机能下降，熬夜不行，皱纹会多，害怕老去，考虑结婚生子，真以为你是超人，这些事情不会在你身上发生吗？而对于男孩子来讲，买房买车结婚生子也一样压力巨大。当社会和现实一波未平一波又起地在你心里掀起翻江倒海的巨浪之后，你还有多少心能沉下来，安安静静地让自己潜伏着研究学习，随时静候一飞冲天？很多人不能，急功近利就是最恰当的写照。

职场最安静最谦卑最纯洁最没架子最不顾一切最不讨价还价的日子，恐怕就是那珍贵的前三年吧。这三年，我们该如何利用好？真的要做三年表格吗？还是写三年的快递单？如果不喜欢重复琐碎的事情，可以让自己跳级吗？做表格、发快递、复印东西这样的事情，可不可以用心地学三个月，然后让自己开始学下一个年纪的东西呢？那些“什么年纪做好相应的事就好”的话可不可以忘记？拜托，这是新时代啦！

我的第一次实习和第二次实习的内容基本一致，那些打印机和复印机我都会修了，结果还是打印和复印。那个时候我在想，如果我转正后还是要做一年打印复印的事情，那么除此以外我还能做什么？难道“踏实”的定义就是复印东西一整年吗？如果我的前三年都在无数的打印、复印、发快递、画表格、挑照片中度过，那么我职场的第四年，我拿什么来迎接我25岁之后的职场生涯？有什么特别的地方吗？有什么很神勇的地方吗？有什么能让我在未来结婚生子的时候依然不用担心职场危机吗？

如果我们每一个人都自命不凡，如果我们都觉得自己所受到过的教育与接触到的成长环境优于其他人，或许我们应该考虑一下关于职场前三年的不同过法儿，并努力地做出些什么来证明自己的不同；同时，我们需要保持一个清醒的头脑，来让自己辨别很多古老的话语是否还对我们有效？我们是否愿意努力去打破什么？是否愿意创造一些从未有过的东西？当我们变成前辈的时候，是否能给后辈一些不一样的指导和箴言？

我们还都太年轻，年轻到没心没肺，无所畏惧。那就努力让这些傻勇敢沸腾起来，而不是一点点泯灭在各种教条和听上去还算有理的话语里。每个人都曾有过那么一点点野心要改变什么，比如自己的家，比如社会，比如这个小世界。但是如果我们所做的一切都恪守着古人的箴言，所创造的一切仅仅是锦上添花，而非无中生有，那么这个社会便永远只会像车轮一样往前滚而已，留不下任何痕迹与声音。

我们要努力地往前跑，但是别忘了思考！

当我们觉得社会该变革的时候，首先是自己要主动变革，而不是让别人理解和赋予我们，当每个人都作出了足够的努力和改变，这个社会，自然就如我们所愿了。

再好的工作也有400次想辞职

再好的婚姻也会有200次想离婚，再好的工作也有400次想辞职。

最近的工作很忙，准确地说，是从换了工作以后就变得很忙。遇到的困难不多，但是内心的战斗却很多。每次遇到战斗的时候，我都愤愤地想要辞职，愤愤地讲现在的工作怎么让人不满意，但是终究没有一次着手写辞职信。

其实没有一份工作会让我们完全满意，哪怕是把爱好转变成工作，也会遇到很多困难让人痛苦。因为付出的工钱，不是为重复简单劳动的报酬，而是为解决困难的报酬。那些不断发生的问题和解决问题的方法，让我们成长，也让工资的数额不断长大。有时候会觉得如果今天一天没什么大事，没什么大的问题需要去打电话，去想办法，去谈判，那今天会比较轻松地度过，但是这样的日子一过两三天，就会感到不安，感觉特别对不起公司付给自己的工资。这种很欠抽的想法不知道是哪里来的，很是自虐。

刚上班会遇到很多困难，比如工资很低，无法生存；房租太高，找不到性价比最好的房子；老板太严苛，仿佛永远和自己过不去；同事冷漠，看谁都是势利眼。于是，当我们从一个友善的可以乱用毛巾，乱用杯子喝水，乱穿别人衣服的大学环境走出来的时候，会从骨子里感到陌生和恐慌。于是大家羡慕那些生活得怡然自得的人，心想如果换到他的那种行业和公司里，是不是就能过上那样的日子，舒心，钱多，没啥大事儿闹心。

前几天一个网友写了一段话给我，大体是评论现在的人对于吃苦和收获的态度。她用了一个很形象的例子来讲：当一个小公司成立希望你加入的时候，大多数人觉得没前景工资低困难多，不愿意与创业公司一起成长；他们并不想要伴随一个小公司在困难中不断前进，只是想等小公司飞黄腾达上市的那一刻去分得一杯羹。可是他们又不想等小公司变成大公司，嫌弃规矩多，空间小，层级多，同事冷，各种不开心不愿意。现在的人到底想要什么？恐怕他们自己也不知道。

这个比喻很形象，我们每个人心里都有这样怯怯的想法。不想吃苦，总存在侥幸心理，总希望被一个待遇各种好的公司侥幸地录用，之后自己就能如鱼得水，真的会这样吗？

前几天Summer跟我讲，她申请港大被拒了。我说为什么？她说她雅思分数太低了，港大录取的大多是没什么工作背景，但是英文好的内陆学生，她恰好是英文不好但是有工作背景的。可是如果Summer真的英语不好，而是凭借一年半的工作背景进去，恐怕会更痛苦。工作背景是个软条件，很难有标准来衡量，倒是英文是实打实的东西，听说读写一样不能差。倘若有一点儿不足，如何面对港大的英文授课，如何表达自己的观点，如何听懂教授的课程？恐怕这才是最可怕的后果。我跟Summer讲了自己的担忧，果然她开始心里舒服起来，不那么愤愤或者难过了。

有时候想到自己工作都四年了，对行业的很多东西还都一知半解，就感到恐慌。特别是在这样一个时间节点上，当理想和梦想慢慢变成工资一点点发下来的时候，会很明显地感觉到，这理想的实现着实慢了点，内心最原始的冲动和战胜困难的勇气与决心在慢慢变弱。很多同龄的同事也频繁地发生抱怨性跳槽，有时候我在想，跳槽真的能解决问题吗？

还是Summer，她讲："昨天有人跟我说，之前我在的公司的那个客户组，一般客户都是做一个项目换一次人，三个月一换，结果我一算，我待了15个月，做了7个项目，我真的很感激这份工作。"这15个月，她几乎夜夜加班到半夜，很少两点之前回家，她周末都在加班或者睡觉，在一个小气的要死的公司里，拿着很低的薪水，生活在全中国物价最高的城市里。我至少劝她跳槽10次，还帮她投递简历，但是她一直扛着，到现在。她跳槽了一次，现在的工资是去年此时的两倍，这个两倍，是给予她在新工作中需要承担的难度和解决问题的能力，而绝不是给她用来重复过去的简单劳动。她用她一年半的经历总结过一段话：

“不能说你工作了一两年之后，AE（客户主管）就应该变成SAE（高级客户主管），而是，你有没有这些收获，有没有这些心得，更有没有在工作中注意到，职位跟年限不是完全的正比例关系。你可以用心去加快这个比例系数，也可以延迟你的青春和时间。”

换句话来讲，任何工作最关键的不是做什么内容，不是纯干活，而是从中学会了什么，提炼出哪些对自己未来有用的内容，并能够将自己的未来塑造得更加有价值。

这样的一段历程会很辛苦，会遇到很多困难，会有很多的争执以及彻夜不眠的夜晚；我们会容颜不再嫩得滴水，会有黑眼圈和眼袋；我们会有好多次想辞职，也会有很多次的愤愤不平。但是，如果我们想要一个平凡而普通的生活，注定不用忍受这样的锤炼；而如果想要一份不平凡的经历，那就要经历艰苦的历练。那些吃过的苦，受过的累，挨过的骂，有一天会噼里啪啦地回报回来。那一天，我们会看到来自很多人的尊重与仰慕，这才是最公平的奖赏。

Part 4

活出一个越来越大的世界

“未来是变化的，不要以现在的眼光去衡量未来几年的发展和方向，不要用眼下的成败去判断人生的悲喜。人生不会因为某一件小事摔倒就再也爬不起来，也不会因为某件小事很棒就来一段速成还很永久的成功。最重要的是时刻去锻炼自己，培养自己为人处世的能力和生活技能，这样才能用健康的心态去做好生活中每一件小事，而每一件美丽的小事串联起来，才会拥有光耀逼人的珍珠项链。”

——赵星博客

早晚有一天，你会进入按部就班的日子里

Dear花菜：

今天下午去中药店帮师傅包药，我学着伙计的动作，照猫画虎却包不好一包小小的中药。老师傅笑言抓药需要很多工夫来学习，而最后一关的包药看似简单，却也埋藏着很多的学问，并不是一次两次就可以学会的。这样的解释直接促使我在药房待了几小时练习包药，并且偷偷把包好的药包摔到地上去检查。当我把第一包不散不乱的药包递给伙计的时候，他冲我满意地笑了。

学习新事物，推动一件事情往前走一点点，这一直是我生命中最为看重的事情。当我在被迫做一些徒劳且疲于奔命的事情的时候，总会觉得难过而不知所措。诚然，生命中有很多事情并不能如人所愿，我接受理想与现实的差异，因此我一直都走在一条孤独而不被人理解的道路上。

在过去的一年中，我做了很多事情，比如正常上班、读书、发展星光计划、写博客、写专栏、旅行、做不靠谱的红娘以及回复了上千网友的邮件。而在这其中，我最为看重的是很多人写来邮件告诉我，因为我的文字，他们的生活或者对人生的态度有所

改变，很多人开始行动起来，认真地完成自己儿时的一个个大大小小的梦想。有一个叫Ben的朋友，每周都给我写一封邮件，告诉我他这一周在生活和学业上的所得，以及自己如何处理面临的各种问题。他有一句话每次都写给我作为结束语，“我希望你能见到一个不断成长的我”。四个月了，我很惊喜地看到，我那些看起来普普通通的字能够推动一个不认识的人慢慢走在梦想的小路上，这种来自他人进步的消息，最能让我感受到自我价值的存在以及快乐与幸福的根源。

我开始重新思考我对自己人生的定位，虽然一直没有结果，但是依然倔强而行。毕业两年以来，我不断地做很多与本职工作毫不相关的事情，虽然招来很多的非议与打击，但是生性固执的我乐此不疲地走在不断尝试新事物的道路上，而我也真的有一些新的发现。比如我数学能力非常强，对于物理、化学、生物等理科项目极为热衷，对数独更有特殊的偏爱；比如我对文字的敏感性突然反冲上来，特别对古典文化和国学有着由衷的谦卑与敬仰；又比如我充沛而旺盛的精力，让我能在短时间内同时做很多我所热爱的事情；再比如我对自己性格上的优势和缺陷有了较为稳定的认识。我不断冲入全新的领域，做一些不相干的事情，丰富学识和认知的同时，寻找我内心所挚爱的东西；而更多的我希望自己能在毕业后的三年中得到各种人生的历练，经历一些不同的境遇，比如贫穷、饥饿、富庶、稳定、动荡以及不安全。

我曾经租了一个非常不安全的筒子楼，半夜遭遇盗窃，窗户没有锁，楼下就是能爬上人来的车棚；左边隔壁小屋子里住着数十个洗脚妹，右边隔壁屋子里住着四个每天打网游且卫生很糟糕的男生。这个房子我租了整整两年，也看到了很多别人看不到的东西。比如洗脚妹通常半夜两点集体回家，喜欢在楼道里唱歌来抒发自己的心情，她们的月工资大约800元，人员流动性非常大，每天回到家的人数也不一样，她们的老板帮她们支付房租和水电费，但是非常凶悍。她们年纪大约在20岁，都是马尾辫，说话带有强烈的抵抗性和戒备心。她们的房间很小、很乱，几个上下铺堆在一起，不知道安全问题和卫生问题是如何处理的。这样的两年生活让我的内心强大了很多，也更加让我这个看起来哪儿哪儿都还算不错的年轻人体会到生命的各种可能性。我现在有一个非常好的心态，除了我家人的安全和健康，我从不害怕与担心任何事情。这样的情愫大约来自那两年的观察和历练，让我知道生命的本质在于不断进步，无论处在社会里怎样的阶层，从事如何的工作，都要为自己和家人的幸福生活努力奋斗。而这之前，我内心对自己的认识是："如果我没有毕业于一个好学校，没有一个好工作，没有带五险一金的好薪水，没有租到或者买到一个像样的能待客的房子，没有好车子，没有好老公，人生就是失败的，就是没有意义的。"

但是我一直觉得，当一个人从大学封闭而单一的环境中来到花花世界，有许多人和事要去重新认识，并且要从社会人的角度来看待所有的一切，想要速速地看完花花世界并适应它并非易事。于是，我选择给自己三年的时间，尽我所能地努力尝试一切生命的可能性，用观察和阅读的方式来体验不同地域和境遇的人生，以及通过网络的力量来捕捉来自全世界的多样化与丰富性。

上周，一个比我大十几岁的媒体朋友跟我说："尽你所能，去过你想过的日子，年轻的时候走得广，看得远，让自己尝试过自己想要的生活。你早晚有一天会进入按部就班的日子里，不要过早地让自己栽进我们这种绕着孩子和房子转的生活当中来。"

听到这些，我很感动！

请不用担心我生命中可能即将出现的，甚至是可以预见的各种困难与反抗，我已经用两年的时间来让自己明白了一个道理，人生，只要每天往前推动一点点，即使跌到低谷，也不会有绝境。一个人成功的最重要原因在于主动出击，坚持到底，机会便无处不在。

千万人走过的地图上不会发现新的风景，而我，依然走在我那条不太靠谱的岔路上。

星　2010年07月19日

为什么你拼不过男孩

女孩子该干什么

我的大学室友里有个日本留学生千晶。有一次，宿舍忽然跑水，我们几个女孩都叉着腰，小心翼翼地站在角落的砖头上给楼管打电话，只有她一个人挽着裤腿，光脚穿着橡胶拖鞋，泡在满屋子的脏水里……我们都劝她："别干啦，这不是女孩子该干的事情！"她停下来很认真地问我们："那么女孩子应该干什么呢？"

大学毕业刚工作那会儿，我在一家很大的公司做最基础的快递联络工作，每天负责通知快递来拉机器，或者等着快递把机器送到公司里由我签收。有时候，快递来了我不在工位上，机器就会被堆积在我的座位周围。我觉得自己是个女生，那些动辄10公斤的机器显然不应该由我来搬。所以，如果没有男同事在身边，我宁可任由那些巨大的物体摆在最挡道儿的地方。直到有一天，清洁工看不过眼，提出替我搬到仓库里去，我实在不好意思，只得硬着头皮亲自动手，一趟趟地把机器往仓库抬。

真的去做才发现，好像也没有想象中的那么沉。后来的日子里，我买了专业的拆卸工具，开始学着自己动手拆装机器，经常拖着货仓里的小推车跑来跑去，爬高摸低地整理仓库，甚至稳稳当当地坐在大货车的货架上押货外出。几个月后，我既可以穿着小西装、颠着小碎步在办公室之间送交文件，也可以抬着20公斤的机器放到摄影师指定的地方，我再也没有抱怨过为什么不招一个男实习生。那是我第一次深切地体会到，从来没有什么事情天生就被指定为男孩该做或女孩该做。

我们常常抱怨，大学四年，我们的成绩一向优于男生，在校内各种活动中的表现丝毫不比他们逊色；可是有朝一日与社会接轨，无论是实习、社会调研，还是求职，都会败下阵来，尤其是进入职场以后，明显后劲儿不足，如果有某个女孩幸运地成为高管或领头人，人们会立刻投去无比钦佩的目光。难道职场一定是男人的天下吗？我承认，某些行业确实对女孩存在偏见和歧视，但更多的原因恐怕出在我们自己身上。大家同样身处职场，拿着同等的工资，为什么女孩常常想当然地认为，自己理所当然要比男孩干得少？为什么女孩就不能像男孩那样去奋斗？为什么女孩就不能在进入职场后一直保持大学时那股旺盛的学习动力？

谁和谁斗智斗勇

之前，杜拉拉成了无数女孩竞相模仿的职场导师。然而，很多人只看到了杜拉拉学习厚黑学，洞悉办公室政治的一面，却自动忽略了她在入职之初焦头烂额，熬夜学习，以弱女子的肩膀扛起了预算、设计、施工、选材的大旗，最终圆满完成了琐碎的装修，这才第一次得到了大领导的赏识。

我见过太多把精力分散于打扮、恋爱，四处打听八卦，热衷于毫无意义的小道消息的女孩，也收到很多女孩的来信，其中80%都像怨妇一般向我细数自己的职场抱怨。她们无比信任地把自己在职场上遇到的每一个小纠结详细说给我听，生怕我不了解她们所处的水深火热，比如谁歧视自己了，谁指桑骂槐地暗讽自己了，谁瞪了自己一眼，谁钩心斗角给自己穿小鞋了，谁压着自己不让升职了，谁上位了，谁不是东西了，然后向我请教该怎么办，该怎么和这些人斗智斗勇。

于是，这些从小努力学习，一直是人尖儿的女孩们就这么在鸡毛蒜皮的小事上慢慢耗尽了自己全部的激情与梦想，忘掉了她们大学时曾经精心策划的人生轨迹，错过了很多个本可以属于自己的机会，眼睁睁地看着男孩们从昔日大学校园里吊儿郎当、不务正业蜕变成职场精英。更可怕的是，这些女孩们慢慢会用“社会就是这么残酷，总会磨平我的棱角”这样的鬼话来说服自己，也慢慢相信妈妈说的“女孩要安稳，不要来回乱跳槽”，老师说的“女孩要上健美操或瑜伽课，不要学什么跆拳道”，闺蜜说的“女孩要回归家庭，不要野心那么大”，然后让自己慢慢甘于平凡，丢掉了大学四年积累下的光荣与梦想，丢掉了自己的无畏与坚强。

我也有过从早到晚小心翼翼、如履薄冰地在职场颤巍巍讨生活的日子；我也有过因为老板一个脸色不对，一句话说得不好听，提心吊胆一整天的日子；我也有过因为说错一句话得罪了同事，自己担忧到夜不能寐的日子。但是，当有一天我开始按照自己既定的目标专心工作，我发现根本不再有多余的时间和精力为各种乱七八糟的事情担忧。

虽然我身边仍然有无数的女孩在关注升职内幕、老板关系、比拼打扮，但我不想参与，也无力研究。我逃避到别处，只愿做个又宅又独的好员工，关注如何能将手中工作的每个细节做到极致，用心地度过我工作的每一分钟，我希望从我手里出来的每一件作品都是艺术品，哪怕它只是一个PPT、一个Excel表格。

上得了……下得了……

大学毕业已经一年了，从最初的分散精力到重聚动力，我越来越清晰地看到，大学时代的梦想又呼啦飞回来了。那个瞬间，我开始明白曾经的那些分心有多愚蠢，我差点儿就为无关紧要的琐事放弃自己多年的奋斗目标，放弃了跟别人完全没有关系，只存在于自己内心深处的美丽新世界。

再看看我的大学同学，一年前走出校门的那一刻，我们是一群多么心高气傲、动力十足、拥有广阔视野和胸怀的女孩。在大学里，我们动辄去英国交换，去美国调研，那个时候的我们，觉得自己心里装着整个世界。可是现在，为什么我们会对工作变得斤斤计较？计较一个报告做得是不是心烦，计较一个箱子是不是应该由男同事搬，计较电脑中病毒是不是应该由男友来清理，计较生病了是不是必须有人陪着上医院，计较一双新鞋是否第一天穿就有了划痕……我们内心的整个世界哪儿去了？

所以，一年后的今天，我的很多女同学依然站在毕业时的起点上，而同班的男生不知何时已经悄悄跑到了我们的前头，或许在未来的某一天，我们只能远远眺望他们的背影。

或许你会说，每个女孩都要面对现实，可是，如果我们就这样说服自己一点点怠惰下去，那么若干年后你就会变得和最普通的女孩一样，一样的家长里短，一样的房子车子孩子，一样的东家打折西家促销。我们曾经在大学校园里那么努力地让自己不安分、不妥协、不放弃，为的就是这最后的殊途同归吗？

我们总是被教育“女孩子要柔弱一点，不要逞强，不要事事都会，要学会撒娇，让男孩来帮你做”。其实，每一个女孩生来都没有标签意识，那些所谓的你该这样、不该那样，都是后天环境强加给你的。曾经我也认为电脑技术这事儿不该我管，一个女孩子懂这干什么？自然有男生排着队帮你做。直到有一天，工作强迫我要捧着说明书，找到光驱和硬盘，判断CPU有多大，刻录机怎么用。当我扔掉内心的障碍，把一个坏了的电脑拆开又装好，然后详细地告诉女同事每一个部件有什么用，每一根线应该连在什么地方，每一个电路板是什么原理的时候，她只会觉得这个女孩子真棒。

在社会的期待下，我们慢慢变得知书达理，变成贤妻良母，变到白发苍苍。其实，那些男孩期待过的事情，比如设计一座房子、造一架飞机、成为技术牛人、精通物理和化学，那些想法也都曾存在于我们心里。只是我们习惯了拿性别当借口，放弃了进步的动力，于是眼睁睁地看着男孩成就了一段段传奇，谱写了一个个神话。

网上流传着一个笑话：什么是新世纪女性的标准？上得了厅堂，下得了厨房，写得了代码，查得出异常，杀得了木马，翻得了围墙，开得起好车，买得起好房……或许这个并不是笑话，而是身为女孩应该努力实现的梦想。

你比分数更精彩

总是听到职场新人或者实习生抱怨：“我在学校那也是风云人物，年年都拿最高奖学金，联欢晚会都是我一手策划的，现在居然在一个这么不起眼的单位里录入Excel表格！”这是为什么呢？

看似不成器的日本同学

大井川千晶，我大三的日本室友，来北京大学做为期一年的国际交换生。她是日本一所二流大学里普通得不能再普通的学生，就算放到北大的各国留学生当中，她也是个毫不起眼的角色。

我们住在一起的日子里，我成天为专业课分数胆战心惊，更为我无法找到自己想要的、更光鲜的实习机会而终日忧郁，平时课业论文的一点点差错也能把我折磨得要死要活，纠结好几天。我总是很奇怪：千晶啊千晶，你怎么每天都那么高兴呢？你每天眉飞色舞地参加各种不靠谱的活动，比如帮一个完全没名气的语言学校免费搭上个人时间翻译网站，兴高采烈地完成每一个社团交代的杂活，跟各种对留学生充满好奇，想跟你套近乎的中国学生说话聊天，你能看看你的成绩单吗？三门中文课程没一门上80分的。我曾经很语重心长地和她秉烛夜谈，劝她好好学习，天天向上。因为像她这样成绩普通的学生，在中国教室里是肯定会被老师遗忘的，既然老师记不住你，那么你期末的分数恐怕也高不到哪儿去，如此这般，你将来毕业求职还想出什么大花、描什么大彩？

可是，就是这样一个在我们分数优异的中国学生看来太过普通的日本女生，在回国之后用自己无比熟练，甚至能用京腔调侃逗乐的长处，一举拿下了两个国际巨头公司的海外培训生offer，并被日本教育部评为了那一年“日本优秀毕业生”。这个结果让我很意外，那是多少整日苦读才换来优秀成绩单的中国学生也拿不到的offer，一个学业平平的日本女孩却拿到了，而且还是在一个竞争激烈、女性弱势的日本。

其实，千晶是运用了自己的特殊点，这个点就是她在与中国各色人等“混”了一年所积累的跨文化交流能力，她用这一点成就了自己的梦想。在她去公司报到前的那段日子里，我们经常会在MSN上聊天，她总是和我匆匆聊几句就说要去餐厅打工了。我这才想起来，她读大学的一半学费都是在餐厅端盘子挣来的，而她和妹妹都是从高中开始每天放学就要去餐厅做服务生，然后用挣来的钱去参加各种集体活动。

试想中国的大学生，比如我，会在拿到世界一流的offer之后，还去餐厅做服务生来度过剩下的大学生活吗？恐怕早就犒赏自己、挥霍时光去了。说极端点，千晶的大学是丰富而厚重的，而我们大学的全部收获只是那一张薄薄的，除了姓名其余都是数字的纸。我们将全部的注意力都放在了一张成绩单上，只为接下来用它去换取另一张offer，已经全然忘记了其实大学生活应该是很丰富的。除了那些数字和耀眼的offer之外，我们还应该经历很多辛苦、很多难过、很多创造，以及很多快乐。

你想用成绩换取什么

上大学时，我不知道千晶所待的餐厅洗碗池子里会有多油腻，不知道曾经因为一时的心情不佳而发泄了父母多少血汗钱，不知道自己随时兴起想要来一趟欧洲十四国游需要父母付出几年披星戴月的辛苦。我和我的大多数中国同学一样，以为钱很好赚，以为凭借自己的成绩单，理应得到月薪超过5000元的offer，以为每天坐在某个职业规划学校里把自己的简历写整齐了，写规范了，写成模板了，就一定会得到一份令人艳羡的好工作，然后拿着高额的薪水继续挥霍人生。于是，在我们初入职场的日子里，每当遇到一点点困难，就觉得愤愤不平，甚至绝望，认为上班就是不断升级的明争暗斗，日子就是没完没了的鸡吵鹅叫，这份烂工作实在辜负了我们过去优异的成绩单。

我们的大学，曾经因为四年积累的若干数字精彩过，因为毕业那刻的一纸offer绚烂过，然后就幻灭了，幻灭在10平方米的蜗居里，幻灭在一张张税后变得低廉的工资单上，然后我们将工资单上的数字交给日渐奢侈的生活，逐渐变得物质欲望不断、精神严重匮乏，这就是我们努力学习想要换得的生活吗?

“你比分数更精彩”，我之所以为这句话感动，是因为过去的两年，我从一个只专注于成绩的学生变成了一个追求丰富、精彩的人。我清楚地记得第一次实习时的崩溃，除了成绩单，除了名校背景，除了英语竞赛名次，我什么都没有。我甚至不知道很多社会热点，不明白如何与一个陌生人说话，打一个电话都要事先背20分钟的台词。为此我深深地感觉到自己生命的匮乏，第一次体会到自卑和无用。这两年来，那些曾经的成绩和那些高高在上的分数，我从未提及，我更加在乎一个人的精神、多元、跨界，更加在乎一件事的有趣、特别。当我得知新来的同事曾经游历过八十多个国家，朋友的朋友是个三流的建筑师和一流的作家，我会惊呼：这才是真正的牛人，这才是有意思的人。

不去做，只是想，世界还和原来一样

去上钢琴课，被老师骂指甲太长，着急忙慌地剪，然后剪到肉，疼了好几天。

怪谁?

怪自己明知道要上钢琴课，还带着长长的指甲，涂着各种指甲油。

去上几何课，被老师骂算得太慢，对公式不够熟悉。

怪谁?

怪自己回家就上网聊天，不去读厚厚的书，不去做多多的习题。

月底要用英文做演讲，捶胸顿足英文不够利索，觉得又是一个黑色的月份。

怪谁?

怪自己早晨赖床，做好的英语学习计划不执行，临时抱佛脚，内心纠结。

所以，都是自己的错，虽然我可以怪钢琴老师太多事，数学老师不体谅，公司要求很高。

可是怪来怪去，哪个不是因为自己的错？

有人发来邮件讲：你有令人羡慕的好工作，出门被人捧，被人高看，所以你如鱼得水。可否知道我们在小公司里朝九晚五被变态老板折磨，被小心眼的员工排挤？所以你的文字是站着说话不腰疼。

嗯，可是你见过我的同事做完活动写一夜的报告，凌晨4点到我家来给我U盘，然后他回去睡觉，我必须马上起床赶在6点之前到老板家递给老板，老板审核修改完在8点前交给客户，然后我们齐刷刷9点都要出现在办公室里吗？

有人发来邮件讲：你总说你的公司很好、很完备，那是因为你有个好大学，你的同学闺蜜都走英访美，你的助理都是清华小弟，你体会不到我们地方普通院校学生的走投无路！

嗯，可是我们都上过高三对不对？我们都做过一样的习题对不对？

有人发来邮件讲：你可以学钢琴，你可以买玩具，你可以去比赛，你可以去旅行，因为你的环境造就了你的一切，你可以用钱买你任何喜欢的东西。我没有那么多钱，我实现不了我的梦想，所以你说的实现梦想是有前提的！

嗯，可是我的钱都是自己一分一分赚来的，我的钱都是白天上班，晚上写作赚来的，虽然我赚的不多，但是我在很努力地赚钱，我还要积极地去省钱，我鞋子20元，我的衣服路边买，我把所有的钱都用在我的梦想上。你想怪谁？

于是，每当我做错事，得不到好结果时，我就会安静地坐着，追根溯源地想，这件事情最初的原因是什么？

洗床单好麻烦——因为我的朋友来家里玩坐在了我睡觉的床单上——因为我没有铺客人坐的床单——因为我早晨起床懒得叠被子——因为我。

电脑发货了发现故障，客户不满——因为走的时候没检查——因为没有告诉实习生——而我以为她知道——因为我少说了一句话——因为我。

穿好看的衣服没有型——因为胖了——因为每天吃好多东西不运动——因为懒得骑车——因为车子没有擦没上油——因为我。

不能带妈妈去菲律宾的长滩岛——因为没有很多钱交保证金——因为我没有赚那么多——因为我还付不起两个人双份的出国游的各种钱——因为我的能力还不够——因为我。

朋友说，我不像其他年轻人那样“愤青”地每天骂社会不公平，骂炒房不道德，骂富人没修养。因为我只是很安静地想，怎么先做好我自己，怎么先提高我自己，怎么先充实我自己，等我真的有点儿光亮的时候，我说话才会有人听，才会有分量，才会引起别人思想上的思考，而不是引起冲动愤青们的狂躁！

我还是很微弱的一棵草，微弱得没有人看得到，我想要变成一棵树，一棵能长着向日葵和油菜花的树，像树那样挺拔不退缩，像油菜花那样不卑不亢，像向日葵那样永远向太阳！

不去做，只是想，世界还和原来一样！所以，想成功，不要抱怨别人，永远检查自己！

哪个山头都有自己的风景

Dear花菜：

你9000字的来信，我已收到。你在信中详细地讲述了这半年多，你所经历过的校园招聘的各种众多而繁复的悲欢离合，我没有想到这半年分离的日子你经历了这么多，更没有想到的是校园招聘居然如此复杂，最糟糕的是我很遗憾我没有经历过这场大战。在看到末尾的时候，我甚至有些许眼泪流出来，不知道是因为太动情还是别的什么。

我本来想提一些建议或者讲一些激励你的话，但是突然间想到，也许我没有资格给你什么建议，因为我是一个根本没有经历过校园招聘的人，因此很难体会到那些特殊时分的特别焦躁和抓狂。因此，我就跟你聊点我感触最深的吧。

工作究竟能给你什么

我记得我讲课的时候，问到同学们："你们为什么喜欢这些耳熟能详的500强公司？"

大家的回答综合起来有以下几种：报酬高、福利好、培训多、名气大、企业文化好、未来前景光明、有发展空间，升职快等。

也许两年前我进入我的公司的时候也是冲着这些来的，但是两年之后，我时常在想，这些年的工作，到底给了我什么。

是钱吗？当然有，但我并没有因此而变得像暴发户一样有钱；

是名气吗？公司依然是业内全球排名前三，但我依然是草民一个；

是培训多吗？公司提供了很多培训，但是我太懒，经常不去；

是未来前景光明吗？每个人的前景是否光明，都取决于自己的努力，而不是公司的好坏；

是有发展空间吗？每个人从一生下来就有无数种发展方向，每个方向都有广阔的空间。

于是，我经常回过头想，我到底得到了什么？

回顾从业两年，我不是个专一的员工，我是说我在从事本职工作的同时，在外做了很多事情，比如你能看到的写博客、写专栏、写书、讲课，最难的是召集或者带领很多网友一起做一些公益的小事。很多时候，当我在工作之外参加各种社会活动的时候，大家都觉得我做事要求很高、很严格、很苛刻，在很多对外的公众场合会表现得成熟稳重，不过度兴奋也不过度悲伤，当我和一些从毕业就创业的朋友们在一起的时候，这种表现尤为明显。

我不知道这些表现究竟是好还是不好，但是我能感觉到它们都来源于我这两年严格而高标准的工作。严密的思维方式，快速的反应能力，有力的观点，有效的沟通方式和较为正直的为人处世的态度，这些感受促使我更加了解自己的内心，并建立起我自己的工作价值观，从而随时在我“颓”了的时候，端正自己的人生态度。

如果说，教育的本质在于培养有逻辑的思维方式，那么我觉得工作的本质应该是培养一种有担当负责任的态度，二者合二为一，帮助一个人走进社会的大熔炉里，开始独立过活自己的人生。

你是否对得起你的成长

倒着想以后，我又在想，是不是我们从一开始就思考错了？

我们身边的每个人都有这样那样关于工作的怨念，比如福利太差，工资太低，升职太慢，涨薪太缓，总之就是各种悲哀。我们都想要索取，究竟有没有想过付出呢？你给公司付出了多少？你给自己的良心付出了多少？

我有过一段很混的日子，上班迟到，下班时间一到就跑，8小时工作时间里7小时无所事事，然后七零八碎地工作1小时。我每天都跟自己讲：“明天开始把那些英文的PDF都看了，把那些PPT都polish了，把那些新闻稿都写完。”可是，每天都又混过去了……我不去找新的工作任务，不去主动承担一些额外的事情，不去询问别人是否需要帮忙。

这样的日子过了一个月之后，我外婆讲：“你这个月上班都很晚啊，下班回家很准时，你这个月不忙了吗？”我说：不忙，还好。外婆讲：“所以你就是这样一个月领好几千的薪水吗？”我顿时觉得心里咯噔一下。我混吃混喝混水混电混上网了一个月，到头来公司发我几千块大洋，我还要抱怨什么？

我心里咯噔一下，其实不是觉得对不起那些工资，而是觉得对不起那段日子，我生命中的一个月，那些本该有所成长和历练的每一秒钟，却被浪费在无休无止的懒惰和颓废当中。每每想到这一点，我的内心就有很大的恐慌。

被PS了的行业

我们的社会舆论，总是喜欢将成功的人放大到无限成功的神座去，然后将其所在的行业PS成一个近乎失真的状态，而毕业生所看到的，就是这幅被PS了很多次的图案，比如市场很多金，公关很好玩，咨询很拉风。

可是有没有人真正明白，那个神座上的成功人士，究竟一条道走到黑多少年？你能走过前三年吗？通常情况下，前三年只能让你看到PS背后的真实图案，然后每个人都会抱怨这幅真实的画作太烂，烂到自己极度厌恶，然后选择离职、跳槽、换行业，从踏踏实实的奋斗转向纸醉金迷的颓靡，再然后惶惶不可终日地抱怨物价、抱怨社会，再结婚生子，背上了沉重的三座大山匍匐前进。

其实，没有哪个行业很干净，很纯正，很正直，很清高；更没有哪个工作，付出少，回报多，晋升快，福利好。如果有，是因为那个人心里想的和你不一样。

我们还太年轻，我们还没有进入这样的生活里，但是可以看到这样的人生活在我们身旁。你会感到害怕吗？你会讨厌那些没完没了的抱怨和唠叨吗？

如果我们还把自己丢在这些PS的画面前，他们就是我们的未来！

女孩子要学会“拜金”

我说的“拜金”，是指赚钱的能力以及对赚钱的欲望。

每个人都应该去“拜金”，女孩子尤甚。我发现这一点，是从我有一段时间总加班开始。那些日子，我天天加班到12点，甚至更晚，其实我没有觉得什么苦，什么受不了，倒是很多周围的人，甚至是一些不熟悉的人问我：“你怎么可能坚持得了？”“女孩子不用太拼命，找个好老公就行了。”“赶紧嫁了，就不用这样了！让你老公养着你！”

他们是在劝我不劳而获吗？

在这个物欲横流的时代，每个人的付出都要求有回报，当一个女生想不劳而获地满足自己的物质欲望时，也必然需要付出一些别的东西，这是正常的。

如果让我老公养着我，那我必然要看他的脸色过日子。他心情不好在家摔东西，我肯定也不敢吭声。可是，我必然不是个能憋着自己的女生，所以对不起，我要去赚钱，因为我也想摔东西，我也想骂人！

女生赚钱并不可怕，可怕的是不劳而获的思想和舆论导向。

哪个山头都有自己的风景

女生其实最受不了的，是周围的人都来打趣似的说："嫁得好才最重要！"这时候，女生的面子很抹不开，好像没人要似的。因此，本来内心有很多梦想的女生慢慢都被催化了，默默改变了一些想法。现在所有的教育，似乎都是女生要变弱一些，要嫁得好，不要谈什么梦想、视野、远见、胸怀之类的东西，嫁个什么都有的好男人才是王道。

因此，我特别佩服那些远走他乡在坚守自己梦想领地的女生，无论她们在国内外。

我有一个好朋友叫蜜蜂，现在在上海读硕士，前几天跟我联系说要读博士。我问她为什么，是因为就业压力大吗？她说不是，只是因为她想读书，喜欢读书，想要研究和明白一些更深层次的东西。我跟她讲：

蜜蜂，你要是真想学就接着学，尽管肯定有很多人会讲不要读博士，不要当女博士！但是一个女生，也要有自己的人生，不应该因为男人想要什么样的你而改变什么！到哪个山头自然有那个山头的风景！自然有一种生活和一个男人等你！不要担心找不到男人，不要担心找不到工作，尽你所能，为自己的内心去奋斗吧！

以上五点，是我工作这些年来感触非常深的五个方面，可能与你的信基本文不对题，之所以想谈谈这些，是因为想要把这些我内心体会到的，而且没有社会标准去衡量的东西送给你。我知道你眼下正焦躁的是求职问题，而非人生大道理的问题。但未来是变化的，不要以现在的眼光去衡量未来几年的发展和方向，不要用眼下的成败去判断人生的悲喜。人生不会因为某一件小事摔倒就再也爬不起来，也不会因为某件小事很棒就来一段速成还很永久的成功。最重要的是时刻去锻炼自己，培养自己为人处世的能力和生活技能，这样才能用健康的心态去做好生命中每一件小事，而每一件美丽的小事串联起来，才会拥有光耀逼人的珍珠项链。

我们内心的全世界哪儿去了

亲爱的花菜：

给你写这封信的时候，已经是北京时间2月3日的凌晨，我刚关掉公司网站的学习课程，准确地讲，是我刚刚倒腾完这个课程安排，选了一些自己喜爱的东西来读。

我是个永远不会读说明书的小孩，因此，从去年2月打开这个神奇而需要密码才能进入的英文网站，我就从来没看明白过。我总是乱点进去随意找一门课程来学习，所以我的学习记录很乱很没顺序，并没有按照课程的分类来进行。你知道，我喜欢只学习不考试，所以我所有的课程都显示“没有成绩报告”。

我刚才试了一个课程的学习，叫Marketing Math。一个需要3小时的课程，听课听到25分钟我开始犯困（大概和全英文有关），听到40分钟我开始快进，听到50分钟我迫不及待地去做final check，然后发现没及格。我之所以冲到final check，是因为之前50分钟的课程我都会，所有的math题目我都能答对，可是当我不听后面两个多小时的课程的时候，我发现final check里我不会的东西，全部都在那后两小时的课程里。于是我决定，不管成绩报告会不会及格，之后的课程我都要先做final check，然后才知道自己究竟哪里是弱项，哪里该提起精神听课，而不是一边剪指甲，一边去听课。

之所以跟你唠叨这个小破事儿，是因为你跟我讲你想放弃现在的公司，因为你学不到什么东西。可是我觉得你不应该放弃，尚不说你的公司是著名的世界500强，如果你真的从你的同事和老板身上学不到什么实际的、可操作的、可行的技术和能力，至少可以去学习一下网站上的东西。比如我们公司有个内网，我相信每个跨国公司都有内网，里面有很多的信息和资料，外人都上不去，内人都不在乎。但是如果你也不在乎，那你就会和所有人一样了。这有点像我对自己省份的旅游态度，从小就觉得自己会在家乡待很久，不着急，可是当我有一天出来了，却发现全国人民迫不及待地拥进去游览观光，而我却什么都不知道，好像一个外乡人，我甚至连我们家乡的特产都模棱两可的。在进我们公司做入职培训的时候，我看到英文的PPT上有好多培训资料，当时很激动，觉得公司有很多培训让我学习，可是后来呢？过后就忘记了。记得我们找工作的时候，“提供良好而充足的培训计划”是我们选择一个公司的重中之重，那个时候我们都迫不及待地想提高自己呀。可是后来我发现，我们那时候并不是迫不及待地想提高自己，而是迫不及待地想用这些条件让自己的选择看起来漂亮一些，炫耀的时候更有亮点。于是，当我们进入公司以后，会议室里的培训我们都懒得参加；公司邀请牛人来做的培训，我们经常中途找个借口跑出去；而公司内网及内部资料能提供的一切资源，我们都先把它们切断在心里，视而不见。于是，当我们做了十遍各种报告和计划方案以后，我们觉得我们在这个公司的路已经断了，因为我们把能写的东西都写十遍了，能说的话说了上百遍了。再之后，我们开始向往外面的世界，变得蠢蠢欲动。

举个例子来讲，我从来不做我们组的报价和结账工作，我觉得我是个搞不清钱的小孩，也不觉得里面有什么玄机和道理，即使做我也是照猫画虎地做一次，也不往脑子里去，因为我觉得这事儿不是个通行全球的能力和道理。可是今天我学了50分钟的Marketing Math，我发现其实报价和结账里是有很大的道理和逻辑，如何制定出合适的报价单，如何考量一个项目的完成效果，如何向客户申请一个合适的预算，如何向客户有效地展示我们的成果，这些东西都体现在每个数据里，而我却从来没有注意过。我突然明白，我们断掉的不是我们在一个公司的发展，而是断掉了我们对自己潜力的挖掘能力。我们从来不去学习很多前人或者聪明人总结好的东西，而是自以为是地认为我们做的那些好看的PPT就是我们的价值。于是，我们根本不知道前面的路究竟有多远，有多宽，便开始任性地转弯。假设我们在每一条路上都这样走一下就转弯，当我们职场生涯结束的时候，我们走出了什么？一条大路还是一个半径很小的圆？

一年前，我们大学毕业的时候，一个个心高气傲，飞扬跋扈。在一年之后的今天，我们要去除内心的浮躁和傲气，踏实下来去努力，但是唯一不能变的，是我们在大学里那变得日渐宽广的视野和胸怀。在大学里，你大二在美国交换，大三在英国，我没有出去过，但内心却一直跟着你游走在全世界。那个时候，我时常收到你的明信片，告诉我你在哪里，告诉我你未来会不会再来这里，那个时候，我觉得我们的心里装着整个美美的全世界。可是现在，为什么我们就变得斤斤计较起来呢？计较一个报告做的是不是心烦，一个对比测试是不是无聊而没意义？我们内心的全世界哪儿去了？

很多前辈说，每个人都要面对现实，每个人都要把心里的全世界变成眼前的电脑鼠标加键盘。难道我们就这么相信社会会把我们磨平？就这么相信我们敌不过那些反对的声音？就这么相信我们会没有力气坚持下去吗？没有过咬牙切齿的伤痛，怎么就能轻易地说自己不愿意再去努力？

亲爱的花菜，让我们把一年前的全世界放回到自己的心里，不断地充实自己，用自己独特的视角和坚持的内心，挖出一条只有自己才认识的道路，不害怕孤独，不畏惧不和谐，把目光放长远，很长很遥远，我们要赢回内心的那个生机盎然、充满希望的全世界！

顺颂　冬安

星　北京　2010年2月3日

活出一个越来越大的世界

茜茜是我高中很要好的朋友，她学习努力，成绩很棒，后来考上了北京某所名校的行政学专业，现在在一家500强公司里做实习生。我问她以后想做什么，茜茜说想去某奢侈品公司做业务，因为听说那边实习生待遇是一天500元，要是能当正式员工，肯定钱多得数不过来。我问她那为什么在这里做实习生，一个跟未来不搭边的实习工作。茜茜说她只是想混一个实习经历而已，其他不重要。我问她对未来有什么打算，茜茜说准备明年辞了这个实习回去写论文，然后再找个实习，能转正的那种，然后就工作了。至于找什么，还不知道。

茜茜紧接着说，她总觉得自己的生活缺点儿什么，缺动力缺激情，似乎一切都是安排好的。她上重点大学、保研、有金牌导师、进500强实习，一路上很稳定，很顺溜。我跟茜茜说，我怎么就觉得你生活不该是这样的普通呢？茜茜说："那我去国外再读个博士，你觉得如何？这样就有海外背景了。"

茜茜，还记得轩轩吗？当年我们班那个弹琴很好，但是成绩很差的轩轩，每天优哉游哉地来上课的个子高高的轩轩。我想给你讲讲她的现在，我也很惊讶的现在。

当年轩轩有清华北大等多所名校的音乐特长生录取通知书，可是她文化课成绩太差，最后只上了一个普通学校的本科，费牛劲了。她大学四年师从了某个钢琴家，最后在毕业的时候考到了加拿大前三的一所大学继续学音乐，师从世界著名钢琴家×××(我没记住)。我们经常在飞信上聊天，我看着她慢慢地适应了国外生活，看见她的音乐梦想一点点绽放开来。轩轩最近正在申请耶鲁的博士学位，等学出来就是音乐家了。我一直在想，当年她不是最好的，甚至是最糟糕的，但当年我们那个所谓的强化班里的学生，现在过得好像都很平庸。有的挣扎在一年年的考研班里，似乎考不上就对不起之前20年好学生的名誉；有的考上研究生了，每天出来找公司实习，或者帮导师编书赚小钱；有的工作了，每天两点一线上下班，赚点钱租个小破房子，读读书看看报扯扯淡。

重遇到轩轩的时候，她真的让我内心受到了震动。她一直追寻自己的挚爱，用自己的特长来打拼自己的世界。在大学之前的12年里，她一直倒数前十名，但是她没有放弃自己的梦想，那就是音乐，就是钢琴。她内心有爱有音乐，她的内心有所向往，有执着追求。我还记得某个晚自习，她拿到清华的特长生能减掉80分的通知书的时候，她在班里跳跃着，喊叫着。当时全班都不屑地看着她，知道即使她减掉180分，也考不上清华，而且特长生又算个啥，文化课高才是硬道理。可是我们好像都错了，轩轩高兴的是她的音乐终于被承认，这是她梦想起航的一刻。轩轩最近通过国际比赛，被授予“全球星岛环球青年大使”称号，并要带着这个头衔到全球各地去参加活动，这是我今天听到的最好的消息了。

而我们呢？我们过得很规矩，特别规范。我们用ABC和XYZ进好的大学，上牛的硕士，挤进500强做渺小的实习生，试图给自己的背景上加朵花儿；然后入职，拿着一个月4000元的工资互相攀比，比谁小资，谁名牌，谁出门能打车了，谁租的房子比较大，是精装的，未来不久我们会继续攀比谁有房子有车了，谁嫁入豪门了。轩轩的世界越来越大，而我们的世界越来越小，最后就变成了我们拿着自己用青春加班熬夜赚来的十万块钱，在北京几个烫手的楼盘和几个华而不实的名贵餐厅里显摆。我们当了20年的好学生，最终成就的是一个个小小的蜗居和在虚荣的外表下隐藏着的脆弱心灵。

说说我吧。在大学的时候，我也一直认为要高薪，要体面的工作，要当传说中的小白领，出门要住五星级宾馆。于是，我就冲这些目标“piapia”地跑出来了。但是，在毕业后一年外表光鲜的白领生活中，我看不到自己的目标，忙得没有时间给妈妈打电话，忙得对朋友不耐烦，忙得在家里和家人发飙，其实我没有那么忙，我是很烦，烦我失去了自己的目标。

直到今年7月的一天，我在火车上突然想起了我的梦想。据说，人在17岁时的梦想，很大程度上就是终身的梦想。是的，我17岁的梦想一点点复苏在我心里，变得生机盎然起来。那之后的我，也奇迹般地恢复了元气和精力，开始了很多我想做的事情，也想明白了很多问题，比如我为什么要经常加班工作，而且还很开心地接受没有加班费的事实。我开始变得坚定而彪悍。这只是因为我内心有了一个目标，在通往这个目标的道路上，我明白自己该要什么，该放弃什么。我学会从多角度来看待我的世界和别人的世界，我的视野变得圆润而饱满，我的胸怀变得宽广而有秩序。我尝试读曾经厌恶的历史，尝试用做生意的方式做事情，尝试海纳不同的声音入耳，尝试曾经标准好孩子不应该做的所有事情。

兔斯基说：当你走上了不一样的道路，你才有可能看到和别人不一样的风景。在我变成一个人人眼中的特殊小孩的时候，我才看到了世界上原来有这么多精彩的活法，我才开始由衷地赞叹穿着一身油腻腻工作服的工人的伟大，我才感动于一个个社会底层劳动人民的朴实和善良。而这些，都曾经被我用标尺划出了我那所谓的“精英生活”标准。

下个月，我要换一个地方租房子了。从20平方米的房间搬进一个6平方米的蜗居里，我大大的双人床要换成小小的单人床，我要把自己的东西都规矩地整理好，而不能像现在这样满地乱扔了。新房子的姐姐担心我是否能接受即将到来的变化，毕竟由奢入俭难，可是我的内心并不在意，相反我觉得很幸福，因为内心有一个目标在，所有的一切都只为这个目标而变化，能屈能伸才是我未来人生当中重要的标尺。

今天早晨，轩轩在飞信上说，她如果最后考上了耶鲁，让我给她一个大大的奖赏。我突然觉得很幸福，轩轩像一只美艳的蝴蝶，一步步飞向了高远的音乐天堂。而她的故事和我走过的日子也让我明白，成功不是一个点概念。只有那些有目标、有爱、有激情、能坚持到底的灵魂，才能走出一路不断的生机盎然，活出一个越来越大的世界。

成功和幸福在哪里呢

讲轩轩故事的文章，被网络疯传，我也看到很多评论，一些充满了嫉妒的猜测以及无中生有的诽谤，比如钢琴学起来很贵，能坚持这么久，轩轩一定有个好爸爸；轩轩无非成为钢琴家，这就是她要的成功吗？轩轩无非就是考上国外的研究生，这就是幸福了吗？对，这些都有道理，可是：

我们谁的爸爸不是好爸爸？倘若我们小时候在任何一个领域表现出卓越的天赋和勤奋的特质，我们的爸爸不会砸锅卖铁地供我们学习吗？学钢琴是很贵，可是想一想我们小时候，是不是很多人都上过几个特长班？

电子琴，我学了几天没乐感被劝退了；书法，我学了三年不爱写了；美术，从简笔画班一路上到国画A班，因为有一天找不到颜料，心情不好就放弃了；舞蹈，因为老转学不固定，老师心里不高兴我也不学了；跆拳道，因为太累太辛苦打得太疼想偷懒停止了。回家问问自己的爸爸：“如果小时候我有个爱好，爸爸会支持我学到今天吗？”爸爸们肯定大手一挥想都不想地回答：“学！”我们都有一个好爸爸，我们都有一个全天下最好的爸爸，可以花所有的钱让我们学习所爱的东西，可是终究是我们偷懒了，放弃了。

什么是成功？什么是幸福？成功不是考上人人仰慕的好学校，成功不是一定要当个××家。成功是属于自己的，是一个人在达到了内心的目标和诉求之后，产生的一种幸福感与自我满足感。而这一切的前提，是内心要有一个目标和方向，倘若内心本来对生活没有目标和方向，那也就永远体会不到真正的成功与幸福，只能在世俗的定义下毫无感觉地假装幸福，甚至还耻笑他人对成功的媚俗定义。

曾经的我以为上一个好学校，有一个好工作，拿一个月几千元的工资，出门打打车，在诱人的餐馆吃饭，就是成功和幸福。可是这样的生活我陆续得到后，我幸福了吗？没有，因为过这些日子的时候，我内心没有目标和方向，在人生的大海上，我只是一个漂泊者，并非一个航行者。

航行者是有目标的，不管遇见暗礁还是冰川，都会想办法绕过去，并继续朝着目标方向前进；而漂泊者虽然看上去也是在大海上航行，但他随时会因遇到困难而改变自己的方向，因为本来就没有目标，不知道要开到哪里，所以也犯不着跟艰难险阻作无谓的斗争！因此，那些假幸福的漂泊者常常会随意跳槽，或者明知内心很怠惰，但依然会用“浪费不起跳槽成本”这样的鬼话，来说服自己在不喜欢的岗位上继续工作30年，而不愿意放弃过去的两三年再重新进入可以让自己成功和幸福的航道。这样的人，只能随着年龄的增长越来越自怨自艾，上班开始慢慢没有积极性，周一盼周五，上班等下班。换一个角度想，我们内心是不是都有一个自己特别喜欢的工作，比如设计，比如画画？假如不计成本不计生存能力地想，如果让你去做设计去画画，你会计较周一还是周五，早9点还是晚9点吗？

轩轩的未来，可能会继续去最好的学校读博士，可能会成为举世闻名的音乐家，这两种头衔都是世俗对“成功”的定义，但是我依然坚定不移地认为轩轩是成功和幸福的。因为轩轩跟我们最大的不同在于，这是她的目标，这是她内心航行的方向，只要有了梦想，就会有抵达的一天，就会有成功和幸福的一天。她的幸福，来自自己兑现了儿时的承诺，来自她实现了自己的梦想，而不在于你我的流言蜚语，评头论足！

换句话来讲，如果一个人认为他的目标就是要当公司CEO，那么等到他通过各种努力和牺牲真正当上CEO的时候，他就是成功和幸福的。而你的目标不是CEO，也不是钢琴家，所以你感受不到那种美妙的幸福，所以你会站在一边不屑地质疑：“你以为CEO就是幸福了吗？我觉得我每天在家宅着就是人生幸福了！”这是两种不同的人生观，谁都没有错，只是选择不同。

很久以前，我有一个梦想，就是要到台湾去旅行，而当我正式启动了这个梦想，并且迅速在各个方面开始起航，每一个部分，比如签证、赞助商住宿、机票一一被搞定的时候，我的内心就会有很幸福的感觉，因为这是我的梦想。当我眼看着梦想在自己的努力下一点点成型，一点点显出想要的模样，我感觉非常兴奋和踏实！

你知道了吗，成功和幸福在哪里呀！

成功和幸福在方向，目标明确不偏向！

成功和幸福在行动，勤奋努力不慌张！

Part 5

挺住，意味着一切

“我在上海，我普通，我不特别，我没有良好的教育和视野，尤其在公司里我像豆芽菜一样，我不说上海话，我没有自己的身份，我很尴尬，可是我不怕频繁地做自我介绍：‘Hi,I’m Sabrina.’我期待他们看到我说：‘Hi, Sabrina！’我相信人性的梦想的力量，我相信自己。”

——茶鱼

“我的青春，不抱怨社会，不埋怨不公，只努力，超越自己。挺住，意味着一切！”

——赵星

其实那些人多么想跟你说说话

一直以来，我都是一个自卑而有些不合群的女生，从战战兢兢地进入第一家公司实习到今天，我还不是那种能跟全办公室的人都打得火热的人，甚至还是那种一遇到超过三个人的集体活动就想临阵脱逃的人。

我不知道为什么会害怕跟别人讲话，也不知道该如何去改变这种状况，直到我读到一本儿童读物——《我就是要挑战这世界》，是讲原住民区印第安小孩二世小朋友决定转学到白人区的小学，这是他所在的原住民区几十年来从没有发生过的事情，他为了有一个更好的未来，决定冒着被全族人耻笑和不理解的危险转学，但是他更害怕的是，如何在白人小孩的圈子里生活，如何融入他们的世界。

我读这本书的时候，在前往一个可能会让我很害怕，不知道如何去融入的社交活动的路上，那是一个被领导逼着去的、令我简直两腿发抖的活动。

其实我有一份英文的活动介绍，知道整个活动有三个演讲人，两个是外国人。我大体上看明白了这个活动要干什么，要讲什么，于是我以为这个活动就是像流程图里讲的那样，讨论十分钟，然后演讲，然后社交，然后各回各家，我真的天真地以为是这样，然后颤抖着就去了。走到门口的时候，发现有个小圆洞，我一探头，心呼啦一下子散了，因为里面全是外国人，平均身高一米八以上，个个西装革履的商务范儿。我揣着钱在门口犹豫了半天，进不进？不要去了，我不是这个范儿啊，我谁都不认识啊！这可怎么好？可是老板给了钱哎，不进去明天怎么交代啊！我到底是进去还是不进去？进去以后怎么办呢？不能只等着别人讨论啊，万一讨论时间长了呢？纠结啊，抓狂啊，迷茫啊——

我前面的人终于交完钱进去了，轮到我了，我没时间再犹豫就把钱递给门口收钱的女孩子，然后进去了。哇呀呀，我受不了，我穿着白色的蕾丝雪纺上衣和菠萝蜜裙子，黑色小套衫，背了巨大的天蓝色花蝴蝶挎包！你懂的，我当时有多窘！我可不是什么女强人，准备在这儿钓个什么大生意！这里的男人英俊潇洒，英文个个都很棒；这里的女人高挑俊美，举手投足很优雅！我站在原地东张西望了一会儿，走过来一个香港男人，看见我说了一句："欢迎小朋友！"我除了笑笑，什么都说不出来了，好尴尬！

我走到最近的，也是平均身高最低的一群人当中，使劲儿看着一个人说了一声"Hi"，结果老外就咧着嘴笑呵呵地伸手来握手，然后左边的Leou和右边的Seen开始转头看见我，以为老外认识我，嗯，好吧，接着Leou提议大家换名片。好极了，老板让我换五张名片回去，这可真是个好的开始！

Leou是个公司的创业者，中间的老外是个CEO，Seen是马来西亚人，刚到中国准备开公司。中间的老外拿到我的名片，问我："What's ××(这里化名)？"

"Oh, a PR Agency！"

Leou显然对××在美国的名气很有了解，接着附和："yeah, the No.1 in the world, very famous."看起来算给我解围。

Seen开始给我讲她是马来西亚人，而我因为未遂的马来西亚游和她开始侃侃而谈，后来她告诉我现在去马来可能三十八摄氏度的高温，算是安慰我去不了的遗憾心理。Seen把我带进屋子里拿点饮料，我开始觉得心里舒服一点，至少有Seen，不会像刚才那么孤立无援；也至少有Seen这样身高和我差不多的女孩子，能让我觉得有一点惺惺相惜。

我刚喝了一口饮料，就被对面微笑得特别极致的女老外冲过来握住了手，我以为她认识Seen，不过好像也不认识，只是发自肺腑特别深情地说了一声"Welcome"，着实让我心里温暖了一阵。虽然这个地方看起来还是冷冰冰的样子，一个由成功人士组成的冷冰冰的地方。

我和Seen坐下来聊了一会儿，但是我觉得一直坐着让我的100块钱花得很不值得，所以索性站起来想到外面走走。我出门撞在一个硕大壮实的男人身上，一抬头，两米高的地方有个大大的笑。他低着头看着我惊恐地看着他，我突然咧嘴笑一下，这似乎是唯一能保护我自己的方法。他掏出名片递给我，CEO and Chairman，好，算我逮住个头衔比较大的名片吧。

其实你懂的，活动推迟了1小时，我该怎么来熬过这1小时？就这样在户外的小花园里跳来跳去？跑来跑去？我加入不了别人的谈话，别人也不认识我。我害怕认识他们，他们可能也不屑认识我。可是我不应该这样下去对不对？我该像二世那样勇敢地走到白人区的学校一样。明知道那个地方会有很多危险，明知道他会被无缘无故地打，会被嘲笑，会被鄙视，他还是要去对不对？因为他没有放弃！

所以，当我捉到两个客人之后，便假装热情地聊了很久，然后又跑进去和一个穿得很潮的男人开始聊天！他听说我是××公司的，也很激动地说起和××公司的各种不靠谱的渊源。他说似乎在哪儿见过我，嗯，我说没有吧，是不是刚才我跑来跑去的时候你见过我？我后悔这么说了，因为看上去他也不怎么喜欢认识各种人才这么跟我说，我记忆里他一直在吃各种餐点，那些我因为紧张吃不下的东西。

我终于兴奋起来，开始去认识比如总监、比如CEO、比如投资商、比如各种挂着高高的头衔的人，然后演讲人到了，我开始眯着眼睛看PPT，竖着耳朵听英文，听到很多不同的理念，记住很多不同的切入点。结果，这就是整场活动！

今天早晨，在地铁上读到了二世努力地和白人学校的孩子说话，却遭到嘲笑，他和洛奇打了一架，但是洛奇却变得开始尊重他，钦佩他。他和那个唯一和他说话的女孩子说：“其实我很怕和你们这些白人孩子说话。”女孩子笑了半天告诉他：“其实，你不知道那些人多么想跟你说说话！”

我懂的，因为我也是那么的害怕。

谨以此文送给那些发邮件给我，哭诉自己因在实习和第一份工作中融入不了公司同事，而害怕、恐惧、焦躁、难过、恐慌、怀疑自己的小朋友们。

Tips：上班或实习的第一顿饭怎么吃

我读过一本书，叫*Never eat alone*，中文版叫《别独自用餐》，传说是一本全球都很有名的书！单看书名，我想你就明白，吃饭是个很有学问的事情。

俗话说“吃什么不重要，重要的是跟谁吃”，上班或实习的第一顿饭，理论上来讲，应该由你的团队或者领导和你吃一个“欢迎午餐”，席间老板和同事们会简单地了解一下你，气氛应该比较活泼生动。但是千万不要因为大家比较活泼，你也跟着肆无忌惮起来。此时的你，应该学会多观察，多倾听，少讲话，有礼节。不要特别自来熟似的，仿佛和同学大快朵颐一样。其实第一天，特别是第一次吃饭，是同事和领导近距离观察你的时候，“装”一下，是非常有必要的嘛！

但是也可能你去的时候，恰好他们比较忙，或者他们之前实习生比较多，所以对这样的仪式可能不那么重视了。如果是这样，你需要注意三个问题：

1. 首先询问你的老板或者你认为这个组里你比较熟悉的一个人，问问他中午大家都怎么吃饭？周围有什么餐厅？是否写字楼有食堂？此时对方一定会告诉你一个答案，也能适时地提醒对方你的存在。

2. 如果你的公司有专门的实习生聚集区，那你周围一定有好多个实习生，问问他们中午在哪里吃，也许他们也会邀请你一道吃饭，或帮你一起订餐。

3. 如果那天你恰好非常苦逼地发现没人搭理你，你应该自己走下楼去找一找，楼前楼后，左左右右熟悉一下周围的环境。一般公司中午有1～1.5小时的时间给员工吃饭，这个时间足够你用来熟悉周围的环境，比如找找有没有便宜而干净的小馆子。当然，也要顺便了解一下公司周围的地理交通，方便日后的工作。

不管怎么说，一个很重要的问题是你要在第一天上班的时候学会和大家打招呼，千万不要不好意思，否则你会一直坐冷板凳。

我印象很深刻的是一个别的组的实习生，其实跟我没什么关系，我见到他第一面的时候，也不知道他是谁。他主动跟我打招呼，介绍自己的名字、组以及座位在哪里，并加了一句“以后请多多关照”。当时我虽然觉得有点诧异，但也记住了那个实习生，以后每次从他身边经过都会打个招呼。他也经常路过我的时候跟我说说话。我觉得这是一个特别好的习惯，我从他身上学到了这一点。

从无薪实习生飞出的小凤凰

“我在上海，我普通，我不特别，我没有良好的教育和视野，尤其在公司里我像豆芽菜一样，我不说上海话，我没有自己的身份，我很尴尬，可是我不怕频繁地做自我介绍：‘Hi，I’m Sabrina.’我期待他们看到我说：‘Hi，Sabrina！’我相信人性的梦想的力量，我相信自己。”

茶鱼，携带着她这个特别诡异而不时尚的名字，从偏远的大学一下一下跳进上海，她是我偶然在网上认识的。我想写写她，因为她提醒我要有勇敢的内心。

茶鱼读的大学没有公关专业，更没有实习机会，她没有一个对公关直观的认识。她联系了一个曾经给过她名片的上海AB公司供应链部门的总监，希望用诚意打动她，获得一个实习机会。邮件多次没有回复，她打给她的小秘书多次，没有回复，她又发了一次邮件，对方通知她去面试。

凑钱买了机票，去了上海，被这个城市吓到了，发烧到39度，赶上甲流旺盛期，又忽地飞回了吉林。在家养病，养好了又飞来上海，重新开始面试。

她提出了想在公关实习的要求，对方说AB中国重组并且冻结了，没有这个需要。她说她真的很感兴趣，对方说这根本不可能。她说那她不要钱，就是自愿帮忙。对方考虑下，说让等她电话。不久，她接到了公关面试通知，多少回合，她终于带着诚意，来到了上海AB公司。

“我20年生活在吉林省，20年都不懂什么是品牌，但是只要我知道了，并且我觉得这个事挺好玩，我就争取得到。在能力和知识方面很多人都比我强，我觉得自己在个人动机、品质，价值观方面，有很强的欲望让我去追逐自己想要的生活。我来自一个偏远大学，但是我抓住机会，经过很烦琐的过程，终于到上海AB公司。我没有薪水，但是获得了学习公关的机会。”

这是我听到的最动听的话，这话很真实，很诚恳，让人很想流泪。我想起我刚开始在北京实习的日子。每天坐公交车两小时才能到公司，每天工作到很晚，员工出去集体吃饭，老板说：“让实习生做吧，你们去我家玩吧。”于是我在公司做数据库到很晚。有一天，我一个人怯怯地坐在窗户跟前，窗外就是霓虹闪亮的北京CBD中心区，可是没有人知道，一座很漂亮的写字楼里的我还没有吃饭，还在做倒霉的表格。隔壁的实习生窸窸窣窣地跑过来问：“你要吃东西吗？我妈妈中午给我带了菜团。你要不要吃？”我点点头，她又窸窸窣窣地跑到微波炉那里热了下跑回来递给我：“不是很好吃，只是个普通的菜团，我看到你没吃饭。”我接过来吃掉，她看着我笑。我当时觉得，那个办公室里我们两个特别同病相怜，恨不得紧紧拥抱（我觉得那个时候的我特别像高木直子的《一个人上东京》）。

茶鱼进了AB公司，但是她没有停留在打杂层面，她用自己几乎全部的精神和勇敢拓展着自己身边的一切力量。“由于没有这个职位需求，我没有事情做，我也没有个人邮箱。我认识了个实习生，在她休息时打印了市场部门所有人的职位、姓名、联系方式，找机会和他们交流，看看他们的背景和他们的生活方式。我喜欢扩展社交。所以，我现在认识了市场部门三分之二的人。”

能观察、善思考，便是茶鱼最致命的撒手锏。当我们处于一个团体最底层的时候，往往能爆发出内心深处最强烈的勇敢。我没有茶鱼勇敢。我刚来公司的时候也在公司官网上看每个人的背景介绍，然后被剑桥、哈佛这样的词汇直接打趴下了，很长时间里，在这些阴影之下自卑地工作，恨不得每天坐在犄角旮旯里死都不出来见人。茶鱼第一次给我打电话的时候，声音很干练，有一种无畏的感觉，但却很有礼貌，让人很是喜欢。我是个有社交恐惧的人，自己公司的人到现在没认全，也许是因为自己没有了“内心深处最强烈的欲望”，自然也没有了勇敢和激情吧。这也是我大半夜写下茶鱼的故事的原因，因为我不如她，因为她让我很感动。

很多时候，我更加愿意被这种来自人性方面的淳朴和真挚所感动，这种生生不息的奋斗和永无止境的追求的感觉，时刻鞭策着我，让我明白后来者的勇敢，也让我的内心震撼。我更加高兴能和这样奋进的孩子们沟通，从他们的眼中看到我日益缺失的东西，想起那些由于我生活日渐安定而带来的满足，这种快乐远远高于我在昂贵的酒楼吃一盆我最爱的水煮鱼。

快结束通话的时候，茶鱼问我：“能告诉我怎么保持特立独行吗？”

我告诉她，特立独行不是一种行为，不是别人走路你非要跳沟。特立独行是一种坚持，一种对真理的追求和坚持；是一种内心，一种对内心的承诺与守候。这需要很大的勇气和冒险，因为没有人会理解你，甚至会讨厌你。但也是这种特立独行，让你真正地做成了你自己，让你有了真正值得回味的生命。

我很高兴认识茶鱼，她让我在这个本来想早点睡觉的夜晚想起了我所有吃过的苦，流过的泪，纠结过的小心脏，以及那些和她一样淳朴而令人感动的日子。

补记：有一次茶鱼跟我说，她的梦想是去美国华盛顿工作，我心底觉得不太可能，劝慰她何必这么逼着自己，可能也是因为那时候的茶鱼离美国的距离实在太远了，远得我没法把两者联系起来。前几个月，茶鱼在MSN上找我，网络的那一头，就是华盛顿。

那些卑微又遥远的小梦想

周末上初中同学QQ群，意外发现某个同学的结婚照片，在群里哇啦哇啦惊讶了半天，突然想起来他的故事，一个卑微而遥远的小梦想的故事。

他叫文斌，我初中班级学习倒数五名以内的男生。当我们都以很高的成绩登上学校中考光荣榜的时候，他默默地走进了中专学校，学习当时大家觉得很奇怪的烹饪。之后我们没有了联系，只是偶尔回初中听英语老师提起他，说他突然打电话给老师说想学英文了，说他去北京学烹饪了等。起初我们并没有在意，等高中毕业那年初中同学聚会，才发现他已经进了我们省最好的大酒店做厨师，并成为了小有名气的文师傅。在那个时候，我们认为进大学是最正经的事情，而谁都没有想过走“旁门左道”，甚至当个大厨，我们都天真地认为进了大学就是阳光灿烂了。在网上，我问起他这些年，同学说他中途去了趟北京，学烹饪，两个人住一间10平方米的地下室里整整两年，学完以后回到大酒店继续做厨师。如今他已经快当上大厨了，明年和心爱的女友结婚，开始幸福的小生活了。

两个人住一间10平方米的地下室里整整两年，我能明白这一句话里所有的艰辛和苦楚。从12岁进入初中教室，他一直就是个小人物，在那些分数说话的日子里，他是差等生，他不被重视，他的座位永远在最后一排无人理会，但是他依然有自己的小梦想。我们的生活曾有将近10年如平行线般似乎永不相交，但是有一天我发现，他坚持了10年的小梦想变成了大大的幸福，而我们那过去的10年是没有梦想的10年，即使我们比他有了更多的知识和文化。

看到结婚照片上他满脸的幸福，我似乎想起了英国选秀节目中的保罗和苏珊大妈，他们都是卑微的小人物，有一个卑微的梦想，然后持续不断地努力，无论生活中发生了什么，即使遭遇了车祸、手术等重大危及生命的事情，都一直在摇摇欲坠的不安稳的生活中坚持自己的梦想，或者说是一个信仰或者想法。

今天有个某名校的同学说，他很鄙视宁可在北京赚1000元工资都还坚持在北京的人。可是如果这1000元里有一个人卑微的梦想呢？这个梦想不名贵、不奢华、不光鲜，比如仅仅是为了赚足一点钱接父母来北京逛逛各个旅游胜地？在北京，1000元能实现的梦想很小，但是再小的梦想都是一个起点，一种光亮。我们每一个人都是普通人家长大的孩子，很小的时候三口人挤在20平方米的小房子里，我们慢慢长大，看了20年母亲的勤俭持家和父亲的早出晚归。我们都遇到过父母40多岁遭遇下岗，以及省吃俭用把最好的都留给我们的日子，所以，在我们心中最初的小梦想，无一例外就是赚钱回报我们的父母，哪怕只是给母亲买一件新衣裳，给父亲买一个新的刮胡刀。我们并不是人人都在名校，不是人人都有很牛叉的专业和导师，我们无法人人进世界500强，但是我们依然是有小梦想的人，对不对？

几年以前，我是东北某个小城的不知名的地方学校的学生，尽管离开家乡跑到很远的地方上一个小学校我有几百个不愿意，但是我还是去了。因为我不想在家庭遭遇重大变故之后让别人觉得我一蹶不振了，我不想让已经分崩离析岌岌可危的内心继续受到重创，当然，我最不想看到母亲担忧而凄婉的目光。

那时候我没什么钱，母亲的工资要养活我们的生活和我的大学，那个时候我的梦想很小很小，过四级过六级过TOEIC，去北大上学，做好多事情，有好的实习，有喜欢的工作。我很幸运地一点点实现了自己的小梦想，即使那些日子我和母亲的生活比较艰苦，即使那些日子我手里没有超过500元的现金，但却是那些卑微的小梦想，一点点地填补着我重重的自卑。我没有名校背景，我没有随时可以满足我梦想的机器猫般的父母和家庭，我没有漂亮的外表和时尚的衣服，但是这都没有影响我对卑微梦想的追逐。我一直觉得，我能一直还算比较快地成长和进步，是勤劳善良的母亲无限支持的结果。她并没有像很多人劝诫的那样，认为我们家庭遭遇不幸就应当把我留在家里，她只是在我很累很累很过不下去的时候说："过不下去就回家，家里养了你二十多年，还能差再接着养你吗？"

我的初中男生同桌冰在大学毕业那年拿到美国名校的全奖offer了，前几天在美国和女友结婚了。冰是个很不容易的男孩子，父母做小本买卖，生意淡季的时候靠卖豆浆维持生计，补贴家用，一点点给他攒大学的费用。他不是那种很聪明、很优秀的男生，除了他的父母和他自己，没有人会把他任何的努力与他今天的美国全奖联系在一起。在所有人的不屑之下，我从头到尾看到他怎样从小草成长为大树，怎样在众人的轻视下挣扎与奋斗。我还记得他小时候某次上课凳子腿儿少了一条，他就那么坐着三条腿儿的凳子坚持了45分钟；我还记得他大学时一次次打电话和我讨论GRE和TOEFL的考试。于我来讲，吸引我的不是他的全奖，而是他身上的精神，一种在逆境中顽强斗争的精神，一种从弱到强的踏实和稳健。

再卑微的梦想也值得被尊重，再卑微的生命也值得去保护。对于每一个卑微遥远的小梦想，亲爱的，请一定一定坚持下去，相信我，前面会有大大的温暖的幸福。

像一枚小种子的力量一样

“她住在一个我喜欢的Loft小区里，白色的楼宇，绿色的整齐的草坪，是我喜欢的那种简单干净的小区，保安无敌多，但却彬彬有礼，我畅想着自己有一天能买一套这种环境中的房子，和我爱的人一起生活。我们席间谈起了男人和男友的问题，随之她说了一句话：‘那年，我月薪1000元，房租700元，我没有向家里要钱，我觉得既然自己出来了，就不要家里的钱了……’后面的话我没记住，只是觉得脑子一晃，她也有过这样的生活！”

——日志里写森姐姐的一段话

她17岁在一个小城市里开始看时尚杂志。

她18岁在一个普通的二本学校里决心进入时尚杂志的殿堂，成为一名时尚编辑。

她22岁大学毕业来到北京，住在700元的小破单间里，有老鼠和蟑螂。

她23岁进入时尚集团，成为某本时尚大牌杂志的客户经理。

她25岁跳槽到艺术与设计集团，成为某时尚设计杂志资深客户经理。

她26岁开始转型，放弃如鱼得水的客户工作，走到18岁梦想开始的地方，成为时尚杂志的美容编辑。

她28岁开了自己的古着时装小店，从一名打工女变身小老板，每天穿着自己店里的衣服当模特拍照挂在微博上展示给大家。

前几天，30岁，结婚了，嫁给恋爱三四年的同样优秀、帅气又时尚的男友，定居在北京，拥有了温暖的小家。

她偶尔跟我约稿，接到我的文字便开始修改、校对、配图、排版，然后送我一堆免费的化妆品。

从15岁开始，我给很多杂志写过文字。职场、时尚、旅游、青春文学……奢侈品、跑车、色彩、建筑、艺术、健身……可是我却很珍爱给她的文字。

因为森姐姐，因为我曾看着她从我身边一点点接近梦想。

23岁的她，长发但不够直，身材适中但不够瘦，唯独闪亮的双眼透射着些许柔气的目光。26岁的她，短发干练而精致，身材窈窕而性感，浑身上下跳跃着灵动而欢快的音符，微笑起来露着两排小白牙。

我去了她家，她举着大勺在厨房努力地炒菜，把化妆品的试用装都分我一半。她买了绿泥，用乐扣盒子给我装了半盒子，我至今没有用完。她爱一个人的时候很投入很用力，伤心的时候会哭得昏天暗地。她就是这样一个很单纯的女孩子，单纯地走在梦想的路上。

她没有名校，没有卓越的GPA，没有耀眼的实习经历。因此她没能在毕业的时候成为梦想中的时尚编辑。她没有叫骂社会不公平，没有吹牛和夸大简历，而是用四年时间曲线救国，走回梦想开始的地方。

这条路有多远，她不知道，她只知道终有一天会到达。

她还会走多久，我不知道，我只知道只要她不断地追逐梦想，就是幸福的天堂。

有时候她轻快地邀请我去时尚party，去和朋友们吃饭。我总是摇摇头说不，我不爱party的混乱，我不爱和陌生人讲话，我不是个随和的人。有时和很多名校的同学在一起，我总觉得大家都好装，装的英文很好，装的背景很硬，装的很有个性，装的好像全世界都是我们的。可是，唯有我们摔的是最惨的，因为太把自己当回事，因为太觉得自己理所应当该被关怀和重视。但是这个世界不是这样的。

有个来自名校的小实习生问我：我做过很多实习工作，但是每一份都做的是最低级的打杂，没有一份高级点的工作，因此我不停地换实习，却不停地打杂，我不明白究竟为什么。

没有太多的为什么，只是因为除了内心那点肤浅的用学历和名校光环堆积起来的小骄傲，我们什么都没有。我们失去了最重要的东西，谦和、虚心、礼貌、坚持、用心、矢志不移。而世界上却有很多人，他们连小骄傲都没有。

他们只有不断地重复和努力，他们只有用尽一切办法接近梦想，他们只有破釜沉舟的杀气，他们在不经意中把握了成功之路上最重要的核心。森姐姐，就是这样的女子。

我一直钦佩这样的人，这样的女子，从不抱怨社会，从不大声叫嚷，只安静地努力，像一枚小种子的力量一样！

不曾卑微，哪有似锦繁花

中午开出租车门的一瞬间接到一个叫“米米”的媒体人的电话，要约稿，我问她：“要什么文章？多少字？什么时候给你？”“米米”问我：“跟你约稿这么简单吗？不要谈钱吗？”哦，不到谈钱的时候，所以不会跟你谈钱。

馒头是我的好朋友，擅长写商业软文，我帮她做广告，获得了一些小小的机会。馒头说她也有被欠账还被欺负的时候，我鼓励她说：“挺过去，挺过去！我以前也这样。”没有人知道我是从写商业软文被训练出来的，那是我工作半年以后的日子，因为经常投放软文，在某次媒体用极差的文章交差，我还没时间再让他们去改的时候，我自己写了文章发上去，然后便被媒体看上。

可是，写自己家产品的软文和给别的客户写软文是完全不一样的，前者我是客户，我写的就是标准；而后者，我已经成为了战战兢兢的小鬼，每次交差后等待着被宣判。有时候1000字的稿子要写10遍，有时候客户把文章发得满网络都是，却声称写得不好不付钱；有时候用产品抵钱，就像倒闭的工厂用发毛巾的方式抵工资的感觉；有时候一个2000字的文章要写四个不同的风格：清新版、宅人版、青春版、雷人版。那些日子，听了很多客气的话，比如："这个还是不行，客户说要……"也听见很多噩耗："哎呀，客户突然决定不投放了，所以这次的稿子作废了。"周末，都堵在家里写商稿，那个时候写东西不够快又好，客户的脾气捉摸不透，产品从化妆品到奢侈品汽车各种各样，每次都让人抓狂到揪头发。

那些仨瓜俩枣的稿费，我只记得第一个300元让我买了一件原价1000元，但是我买的时候恰好3折的小棉服，穿到今天整整5年依然质量很棒！那些文章是我老老实实写东西的开始，不浮躁，不抱怨，一直写，写不好就一直改，直到客户满意，顺利排版。对于商稿，作者是谁不重要，名字通常被忽略，或者印到夹缝里，小的还不如绿豆大。我经常想拿来跟我妈炫耀，却苦于根本找不到名字写在了哪里，被更改成别人的名字更是家常便饭。

写了近20篇商稿，被20个不同的客户百般折磨了半年之后，我终于开始写博客，每天至少1500字的坚持之后，我第一次接到媒体的约稿，2000字的跨版文章，战战兢兢地写好，恭恭敬敬地发邮件过去。对方需要照片，在周末专门到照相馆化妆去拍，虽然拍出来极傻，但是却足够认真努力，我终于开始写有我名字的稿子了。

后来，开始陆续接到很多媒体的约稿，有外公十几年前就订阅的《文汇报》，有大学时每月必读的《大学生》等，有时候一次要写好几篇，有时候一期要上好几个，有时候好几家的稿子一起写。我对很多事情都马马虎虎，但是唯独对写作这件事情持续地认认真真，不管多辛苦都坚持让编辑在清晨6点以前见到，到后来当了好几个媒体的专栏作者、特约撰稿人也依然这样，可能是因为我有很多事情都做不好，因此就特别努力认真地做好一个能做好的，并做到极致、极致、再极致！

我是编辑的救火大队长，开天窗了，我立刻交一个3500字当补丁！

我是编辑的靠谱小作者，交稿了，不追稿费、不要样刊、保持肃静！

我是编辑的神勇小贴士，没话题了，我得帮着想结构、找被访人！

能做的我都做了，不该我做的我也做了，所以我每天睡得香，吃得饱，只是偶尔在书店看到温暖的文字，读到细腻的柔情，总会怨念自己是文字大条，写不出那样的古道柔情与曼妙丝长。

《异类》里说，一件事情练习10000小时就会很美美的了。每当我要开辟一个新领域的时候，比如乐词，比如讲课，比如那些已经开始的各种还没什么眉目的事情，我总是用写作的过程来激励自己，要勇敢地开始，然后要认真，要坚持，要谦卑，才会看到一点光亮。

其实，这个文章是写给馒头和身边所有仍然坚持用心写作的人的，因为你们让我想起了我过去的日子，也让我那日渐受到赞扬而飘忽不定的内心重新回到原来的小地方，那是一个没什么风景，也没什么远见的小地方，我在那里找到自己的安宁，缓缓地慢慢发光……

叔叔不要你的钱

收到夏天的邮件，是前天的上午，一个刚来北京的小女孩，在偌大的北京城失去了方向和勇气，给我写来了长长的信，想问我借一本高木直子的《一个人上东京》。我把邮件转给了芥末，问她这书哪里买的。芥末回邮件说："她的邮件让我看着想哭。"

是的，我也想哭，我给夏天在当当网上买了一本送过去，她感激得很。可是我不知道我这样的行为有没有伤害她的心。夏天是一个自尊心极强的女孩子，我不是怜悯，只是觉得她的现在比我刚来北京要惨得多。至少我有学校的保护，至少我有宿舍同学的陪伴。于是，我和芥末都想起了我们刚来北京的日子。

2006年的9月，我来到北京，学校没有房子给我这种换校生住，我要自己租房子。同学好心给我提前租好了颐和园附近的一个“城中村”，而我并不知情，喜滋滋地去住。里面人员鱼龙混杂，通向外面的马路悠长得看不到边际，我完全没见过的一种居所。这里的房租便宜得很，一个30平方米的平房400元，我的屋子住了三个人，加上每人每月的水费5元，一共每月也就140元钱。跟我同住的一个是17岁的复印店打工女，一个是30岁的图书管理员。楼道里有个很大的水管，只能自己接水烧开了洗头发，一排平房的30多个人都在这个水管处刷牙洗脸。洗澡要去很远的公共浴室，厕所是一个很远地方的公厕，经常主人和狗一起进来。门口的公用电话亭倒是非常便宜，两毛钱一分钟国内长途。那些日子里，我几乎每天晚上在电话亭里打电话给我妈妈，讲我每天上课的情况，讲这里很好很安全。其实鬼才会觉得安全，片儿警几乎夜夜都来，每次嘱咐我要注意安全，这里只有我一个学生，给我办了各种能证明我身份的证件。然而，在一次夜间莫名的连锁盗窃案之后，我的眼前出现了电视上刀枪剑影之后的幻灭景象。我火速地离开，只用一天时间就在学校南门以每月300元的价格租了新的床铺。这个价格对于没有任何收入的我来讲是很贵的。当时因为托业考试认识了成哥，他知道我来北京了，要每个月给我300块钱来奖励我。直到今天我还留着他给我的那张工行卡，密码一直没有变过。这也是为什么今天我要做慈善，帮助更多的人的原因。我一直觉得我很幸运，每次遇到困难，都有人会出现在我身边帮助我。滴水之恩会慢慢扩散。

接着就是正常地上课了，宿舍4个人对我很冷漠，下铺有一个厉害的女人经常对我们大喊大叫，嫌我们吵闹不安静。我曾经哭着给我哥哥打电话，让他带我离开，我要住他家里，多远我都去。可是哭过之后还得住下来，忍下来。整套房子我们这个屋子4个女生，另一个屋子8个男生，不方便的程度可想而知。好在大家都特别自觉，房东也经常来视察，并没有出什么问题，还经常互相帮助，团结友爱。洗衣机经常坏，经常一堆衣服进去放了水，才发现又不转了。某次赶上房东来视察，我便汇报了情况。房东让我先上课去，他来修。晚上回来，舍友说："房东给你手洗的衣服，洗衣机没修好。"我的眼泪就下来了，都是冬天很厚的毛衣和棉衣，房东一件件手洗了挂在绳子上，而且什么都没跟我说就回家了。

后来房间总是换人，但是已经不太记得换了多少人。我只记得直到换到日本的大井川千晶，我们宿舍才算是安定下来一段日子。我、千晶、佩佩一起度过了之后一年的日子，特别是晚上停电的时候，我们开着手电做火锅吃，或者一起过生日。那段日子很清苦，但是也没有不满足，那个时候我们都不知道什么是俏江南，什么是后海酒吧，不知道北京出租车的价格，也没进过北京的电影院。我们只知道学五食堂的鸡腿很好吃，鱼头很大很香，门口的麻辣烫5毛钱一大堆的生菜，电教旁边的复印店很便宜。这期间也遇到很多奇怪的事情，比如有猥琐男每天跟踪我，千晶就在每次我被跟踪的时候用中文和日文帮我通风报信给男生，全体男生下来帮我打架骂人；比如某天住进来的下铺女生是个精神病，半夜捶墙骂人，手里举着菜刀，第二天被我们送走；比如遇见拿香水当花露水的女生，喷到我们都晕倒在床上；比如遇到考研发疯的女生，把自己的鞋子当垃圾都扔掉，然后赖我们没告诉她……某天北大的奥运乒乓球馆早晨着火，千晶对正在睡觉的我大呼小叫，我抬头看一眼告诉她："演习呢！继续睡觉！"下午，她接到她妈妈从日本打来的电话，日本都报道了北大意外失火的新闻。我们两个目瞪口呆。

后来我实习了，因为太遥远租了公司附近的房子。两个女生住一个6平方米的房子，放下两个床就什么都放不下了。她在地上，我必须在床上待着，两人绝不能同时站在地上。她的电脑声音很大，我经常提醒她关电脑都说："把你的拖拉机灭了火！"她睡觉经常在电波中睡着，我那时候实习经常晚上12点才到家，然后到她被子里找她的收音机，给她关掉。花菜在去加拿大的前夜想来我家住，可是真的太小了，我害怕蟑螂吓到她，有好多好多蟑螂哦……

那个女生在4月份离开，我开始一个人住一个6平方米的小房子。我把房间全部用消毒水洗了一遍，贴上我喜欢的地毯，拆了她以前的床，开始一个人的小日子。每次洗完衣服挂在柜子的手柄上，家里湿湿的。蟑螂还是很多，我经常在地下看到它们的尸体，让我很恶心。奥运会时我买了票，妈妈来看我和奥运会，说我的房子不如家里的卫生间大。床很小，我和妈妈一个睡在床上，一个打地铺。我很难过，我发誓不要妈妈跟我过这样的日子。

7月我转正了，工资多了一点，但是扣除了五险一金，钱还是很少很少，不月光就是好的了。我想着换一个大一点的房子，于是想到了隔壁的一个15平方米的小屋子。等到期了，就搬进去。又是大扫除，又是灭蟑螂，84消毒液洗得我手脱了好几层皮。房东来看我，说我的房子好像洋房，她很开心，这才是女孩子住的房间。我变换了家具的位置，我去农贸市场买了便宜一点的衣柜和架子，我往墙上贴我喜欢的大海报，我买了很贵的但是颜色鲜艳的大窗帘和大床单，我每天用专业的地板清洁布擦地板，我经常给房间消毒。我已经不在乎三家共用的厨房和四家共用的卫生间，以及隔壁每天乌烟瘴气的油烟飘进我美美的家里。

小区越来越熟悉了，很多人我都开始熟悉。家里险些被盗，大叔们举着锤子跑上来，大爷们拿着改锥锁子来给我检查门窗；到小卖部买牛奶，老板把他自己的牛奶不要钱送给我，让我赶紧喝了他刚热好的牛奶去上班。美发店的广东哥哥给我做好150元的头发便放走了身上没带现金的我，相信我一定会来送钱，当然，他也发坏说想给我一个拥抱，我说你丫给我滚蛋，赶紧给我做好头发，我妈在家等我吃饭。晚上12点打车下班，却遇到了“黑”车，其实我只看到很黑色的车，并没有注意什么车。上去发现不对劲，是个很好的车。司机说：“你还真敢坐我的车。”我倒吸一口气，坏了……司机说：“你没发现这是奥迪A6吗？”我说：

“真不知道，我就看见是黑色的了。”司机说：“你不怕我是坏人？”“其实我也不是什么好鸟……”司机听完我的话笑了。

他告诉我：他绕了三圈了，发现我一个人站着很久没有车，跑来专门送我，看我好可怜。

他告诉我：女孩子不能坐黑车，太危险了。

他告诉我：晚上早点下班，要加班回家加班去。

下车的时候我给他钱，他说：“你敢坐我的车就是缘分，叔叔不要你的钱。”

我下车，他绝尘而去。

我深深地感动，呆站在繁华的长安街边上，任身边车水马龙，任眼前霓虹闪亮……

蛰伏——背后的黑暗

每次讲完课，总会有学生来问：“老师，我签的公司年薪10万，15天带薪假，每年奖金×××。如果我五年内做到×××职位，年薪大概50万，但是会比较辛苦！有个B公司起薪5万，但是每年涨幅和福利特别好，加起来也不少，你觉得我该选择哪个呢？”

这是很多人给我出过的选择题，但是好像大多数人都忘记了一句老话：“多少耕耘，多少收获。”很多看似收获很多的人，其实曾经有过多少艰苦的岁月，大部分人看不到也不愿意去看。

最近特别红的许单单："1982年出生的安徽农村小子，研究生毕业后的5年里，跳槽3次，从一名年薪10万的互联网公司职员，变成年薪几百万的互联网分析师。2011年12月，他离开了工作两年的顶级中国基金公司加盟美国对冲基金，成为美国对冲基金唯一一位中国雇员。"

这样牛叉的励志故事听过千百个，但是许单单只说了一句话："人们往往看到光鲜的结果，而不会去想象背后的黑暗中的准备。"

人们爱杜拉拉爱许单单爱钱多多，其实爱的就是那个结果，而不是奋斗的历程。只有结果里那个百万年薪，爱情美满的结局，让挣扎在不得志生活里的人心生一朵莲花。但是如果只是憧憬一个结果，而自己不去奋斗，那别人的故事终究还是别人的，永远和自己产生不了共鸣和交集。而这个过程中的黑暗，其实是一个多么漫长的历程，长到简直要涅槃了都不知道到底值得不值得，所以，大多数人都不愿意去体验这个过程的价值。

人们总是不相信，量变的积累会发生质变；

人们总是相信，一夜成名一夜暴富的传奇。

上上个月参加某培训学校的梦想大会，加上我一共12个演讲者，给我印象最深的是本来我完全不认识的乔小刀同学。9年前，乔小刀是一个电焊工，焊接过"海龙大厦"四个字，还做过印刷工，在北京流浪，连住的地方都没有，就睡在公司里，晚上搭着盖486电脑的大红布；9年后，他拥有乐队主唱、设计师、展览策划人、创意师、手工狂、丝网印刷专家、杂志主编等多重身份。回来以后，我特地去查了他的背景，我发誓他过去的故事绝对是我们12个人中最苦逼最崩溃最无法想象的，但他的演讲是最欢乐最以苦当歌最让人泪中有笑的。一个不讲苦情故事的男人，才真的让人心生佩服与慨叹。9年，是一个漫长的过程，用厚积薄发四个字来形容都显得很粗浅。今天的乔小刀在全国办新书签售，走到哪里都人团簇拥，大家仿佛都想在他身边分享或者沾染一点才华的气息，但是这其中有多少人给自己一个9年的时光蛰伏呢？

电影《亲密敌人》里，徐静蕾问副驾座上的一个小员工：“听说你三天没睡觉了？”小员工说：“老板，我们这样的人，毕业就百万年薪，出门都有专车，飞机都坐头等舱，我们这样的人三天不睡觉，也不值得同情！”这是这个电影里很细微的一个片段，但是给我留下的印象最为深刻。反过来讲，那些吃过苦受过累经历过人神共愤的苦难的人，沉寂在日复一日的努力中慢慢往前走的人，有朝一日得到什么都是应该的，都是值得的，都是心安理得的，都是值得我们去羡慕嫉妒的。

我很久没有蛰伏了，每天忙得一塌糊涂，不断地邀约，不断地有人告诉我要抓住机会，成名要趁早。终有一天我发现自己才华用尽，墨水难挤，才开始害怕和担心。过于纷乱的网络，让自己没有了读一篇长文章的耐心，自然也就失去了读书的耐性与安详。不断地买进各种精彩的、昂贵的书，痛下决心一定要读完，却总在读书三分钟后忍不住去刷豆瓣刷天涯狗血故事刷糗事百科草蛋网。思来想去，那些浮华的东西终归飘在脑袋顶上的高层，从未落在心底深处，既然这样，放弃又有何妨？

小小的变化是最近开始读报纸，纸质报纸。每周去报摊买报纸，回家翻开来慢慢看。在微博垄断视听，意见领袖和公知天天发表看似公正无私为国为民言论的时候，我似乎忘记了这个世界还有很多事情在发生，很多多于140字的文章值得自己去深入阅读与思考，很多有见地有文化有学问的大家的思索与感悟值得去认识与了解。这个世界不是很多碎片，也不是140字的耐心就能认识与了解的。网络让每一个人的内心变得没有耐心与肤浅，听不得复杂冗长的故事，不愿意听更多的解释，不愿意了解事情的真相便跟风起哄妄下结论，这恐怕与一年前的自己有很大差距。

重新开始读报纸的时候才发现，深入地了解一些自己原本想不到或者压根看不到的事情是多么有幸福感，那种来自知识汲取而带来的成就感让人内心变得踏实而充盈。闭上眼睛，感觉自己又进步了一点点。

你还没见过绝境，你应该有你的梦想

前几天读到一句话：“以前爸爸说，他就是我的阵地，现在他走了，我不是失去了整个阵地，而是失去了整个天地。”

看到这句话的时候，我在飞信上找做保险的朋友，我告诉他：“我要买保险。”

第一次破天荒地找保险公司的人，谈了我和母亲的保险。我十分没有安全感地把保额提升到最高限额，也因此每年需要拿出我三个月的薪水来支付我们的保险费。

我没有阵地，也没有天地，但是我可以重建。

我很想上学，去系统地学习缺失掉的内容；我很想重新回到课堂，去弥补那些内心的空荡荡。本科毕业的时候很想继续读书，因为要开始养家，开始重新建立因为家难而被摧毁的一切，于是在22岁进入职场。四年半了，我没有后悔这么多个日日夜夜，四年半后的今年我发现，每个学校的硕士都十分昂贵，甚至普通的培训班都能上万。

也许我该感谢这四年半，让我这个柔弱的小女生，迅速担当起家庭的责任，重新建立起昔日的幸福与安定。如果时光回到四年半前，我依然会如此选择。那个衣来伸手饭来张口的小公主已经没有了，她必须变成钢铁女战士，出去战斗、战斗、再战斗，才能用最快的速度减少灾难带来的损失，这个代价，无论用什么去换都是值得的；而且无论什么代价，只能用我一个人去换。

我时常在张望，张望别人的生活，从里面找寻一些“如果”的影子。如果没有那场灾难，是不是我现在也在巴黎的街道骑车游荡，也可以在校园里恋爱，还是一个温柔且什么都不操心的小女生？

这个世界上是没有如果的，这就是上帝的安排。

认识Summer，一个上海很牛的公司的女孩子，没有阵地，没有世界。她时常在半夜上QQ跟我说几句话，讲讲自己内心里的不安全感，以及对母亲的担忧。我相信这些话她从不会对别人讲，我相信她对我讲是因为只有我能明白，并且深深地理解她。

我们讨论过很多话题，比如继父、单亲、自闭、抑郁、漠然、自虐等。在我们没有阵地的那些年里，这些字眼，会或多或少地出现在我们的生命里，且没有人会发现。我们在角落里，一点点地重建自己的内心，一点点弥补创伤。

这样的女生，怎么可能不强大？

这样的女生，你有什么资格指责她不温柔？

这样的女生，要有多硬的心，才能一边心里哭，一边对你笑？

我们最不可能触碰的话题，其实是“爱情”。

在我们的爱情字典里，不是只有“两情相悦”四个字，而更多的是家庭责任，对于自己至亲的人的责任。在无数次被逼婚，被逼找男朋友的过程中，最不愿说的是，这个速战速决、物欲横流、感情脆弱的时代，哪里那么容易找一个爱你爱得不行，还肯分担这样大的责任的人？爱情和父母，当然是选择父母，对于已经失去整个二分之一的我们，再失去剩下的一半的话，就真的无法重建了，再强大都没戏了……

不要逼单亲小孩结婚，不结，是因为心里有无法言说的隐忧，担忧到他们自己无法解决。你不知道他们是如何在心里小心翼翼地描绘整个未来，两个人的未来，再没有灾难和眼泪的安全的未来。

总是被家人说，太过强势，太过勇敢，太过彪悍……男孩子不喜欢这样的女生……

默默不回应……

不强势，谁来抵御那些嬉笑怒骂？

不勇敢，谁去平复灾难后的悲伤？

不彪悍，谁去保护已经摇摇欲坠的家园？

如果当年母亲没想到我的存在，而去跳楼……那我就是孤儿……这事儿就没法想了……

如果，我告诉你，

我曾经从生命最幸福的云端跌到地狱的谷底，

我曾经从破碎的玻璃碴子上重新开始站立，

我曾经在生活最艰难的时候赌上自己的生命，

我曾经在一无所有的时候，把自己的心慢慢变硬——

你是不是能感觉到，你的生活其实幸福得要命？

我已经度过了那段最难的时光，但是现在，当我夜夜看见Summer加班到两点，依然不哭不闹默默坚持的时候，我还特想说，倘若你的生活还都顺利，就不要没完没了地抱怨，你还没见过生命的绝境，你无非就是钻进了一个死胡同里，出来就行了，别抱怨。

踮起脚张望未来的小日子，不再害怕，不再孤单。

挺住，意味着一切

昨天收到读者来信，又一封讲述自己大学读错了专业，错失了自己的最爱；工作上各种不顺心，辛苦奔波表面光鲜而已；自己的未来一片迷茫，到底该怎么办？

我也不知道你该怎么办，真心不知道。这个世界几乎没多少人大学读对了专业，又恰好做着自己所爱的工作，领导重视，同事关爱，还清闲乐得工资高。我想给你讲讲我身边三个年轻人的故事。

故事一

男青年，工作是我家宽带公司的一名普通修复网络的，某次网络大坏后跟我家结成了友好联邦。我听他说，他从小父母离异，跟外公一起生活；他几乎每天都要工作到夜里12点多，因为过了12点就有100块钱的加班费。

某次我又报修网络，他说周日不能来，因为要考雅思！我心想我都没考过哎，你一个维修工人考雅思？过了一段时间，他再次上门维修，跟我说“我要去新西兰读书了，雅思考过了，也拿到了offer，以后就不能来修了”。我惊讶得不得了，随口问他：“那你为什么去新西兰，雅思过了好多国家都可以去啊？”他说：“因为我女朋友在那儿，我想过去陪她一起。陪读的话，我们会慢慢有差距，所以我也要考过去，这样我们的距离不会太远。”

我送了他一袋从昆明带回来的香包，祝他幸福。后来，他再也没来我家修过网络，但有时候网络坏了，我还会想起他的故事。

故事二

在电梯里工作的电梯工女孩，每天在电梯里上上下下，穿得很土，不化妆，一个马尾，一个水杯，手里一本英文书。开始见到她时她拿着高中课本，然后慢慢变到大学课本，四六级，考研，托福。谁都没有想过，也没有在意过她在学什么，她在看什么，她是什么背景，她住哪里，工资多少，她有什么梦想，她学这些想要干什么？她除了学这个还在学什么？不知道。只是楼里的居民有时候会把家里看过的杂志送给她，大概觉得，只要是有字儿的东西，对一个电梯工来讲，就能用来学习吧。

后来，她消失了很久。

再见到她，她穿着职业套装，匆匆忙忙地跑进一个写字楼里。她不认识我，但是我记得她。

故事三

一个农村姑娘，从小到大没出过县城，之后来北京在朋友家做保姆。家务之余，此女苦学普通话，上夜校，读自考，什么水平不知道。后来她的雇主告诉我，这姑娘当了对外汉语老师，专门给没有很多钱但是又需要中文辅导的外国学生做老师，她不挑活儿，大小钱都赚，自己又节省，后来买了一部小QQ，这样能更快地穿梭在城市中，给更多的学生上课，省下路费和时间。令人惊奇的是，后来这姑娘还开了个早点摊儿，每天卖豆浆、鸡蛋和烧饼，同时还卖玫琳凯。

我觉得上帝都得被这姑娘逼疯。

这就是生活在我身边的三个普通青年，他们没学历没背景没牛逼爹妈，他们连选错一个大学专业的机会都没有，他们连什么叫“对口专业”都不知道，他们连被高素质牛人打击的机会都没有。他们想要的，也许只是你我唾手可得的东西；他们拼命努力赚得的钱，也许是我们开口就能从父母手里得到的数字；他们来到这个城市之初，卑微得所有人都看不见。但是不要紧，他们看得见自己。

现在的年轻人太想一夜成名，一夜暴富，一件事儿坚持三个月看不见结果，就开始抱怨上帝不公，没有伯乐。这三个故事也不是说英语有多重要，而是希望我们每一个人都能真正地踏实下去，去努力。什么是奋斗？奋斗不是让你上刀山下火海闻鸡起舞头悬梁锥刺股，奋斗是每天踏踏实实地过日子，做好手里的每件小事，不拖拉不抱怨不推卸不偷懒。每天一点一滴地努力，才能汇集起千万勇气，带着你的坚持，引领你到你想要到的地方去。

难吗？不难。

有没有勇气，摸着自己的心说一句：我的青春，不抱怨社会，不埋怨不公，只努力，超越自己。挺住，意味着一切！

Part 6

自由，是不能代替的远方

“那些30岁一定要做到的事儿，那些25岁一定不能再错的事儿，真的就那么重要吗？我觉得自己是一个急功近利的人，而恰恰是心里比对这些时间的节点，让自己开始无限地追求时间的刻度，而不是生命的质量与意义。我开始想，如果我们模糊了这些节点的概念，将自己火热的梦想投入到生命的长河中去慢慢洗涤，涤荡出的精彩与壮美，是否可以穿越生命的维度，绽放出充满生气与灵动的光芒？”

——赵星

“生活就是这个样子。我们尽量选择了那些我们在作出选择的时刻认为更精彩的那条路，或者更符合自己心意的那一条路。于是就按照自己的意愿往前走，不管最后拐到了哪个方向上，都是自己独特的记忆。很多时候，在路上才会找到不一样的风景，然后顺着那些突然出现的风景拐过去，可能就发现了另一片天地，也可能又拐回原来的路上。但是所有的风景，都是有勇气尝试，才可以看到的。”

——花菜

你好，跆拳道

重新回到跆拳道的训练场，开始最专业的训练的时候才知道，我的很多精神都在不断懈怠，比如坚持、忍耐、不屈不挠……

大概我已得到了一些想要的东西，实现了一些梦想，左拥右抱着理想与现实的时候，脑子里充斥了太多坐享其成，然后忘记了奋斗——其实也依然在北漂的各种奋斗中，只是可能奋斗得不那么用力了。于是，各种各样曾经具有的精神就会有所下降。

比如劈叉的时候老师用力一压，就哇啦哇啦乱叫，以至于老师都在怀疑，我是不是真的疼得无法忍受。

比如单训的时候，我偷懒去喝水，然后导致岔气，老师气得大叫："三年你都练不出来！"

这个季节，穿着很厚的道服，站在只有一个立式空调的房子里，窗户半开着，不断地跑跳，玩命地踢各种器械。衣服从里到外湿透了，头发凌乱，连手背都是一层水。做幅度大的动作的时候，裤子因为湿透而粘在腿上，踢都踢不开。但是，当别的男生女生，不要命地实战切磋的时候，我顶着擦了BB霜的脸，举着饮料，呼啦啦地喝。嘿，5年以前，我可是训练场上最狠的那一个，我的坚持哪儿去了？

我不敢用尽力气压腿，害怕疼，害怕生生的疼，于是今天是第六次课了吧，劈叉才勉强下去了。每次老师跑过来帮我压，我都记得那种生生的疼，以及头上的汗水一滴滴落下来。25岁的我，好像心里承受不了那种疼了。可是正因为如此，我才更需要回来，因为我的人生还有很远，未来还会遇见很多疼。现在不吃苦，总归会给未来埋下一个坑。

每节课基本上只有四五个学生，加两个教练，其中一个教练负责单独训练我这个后进还不想吃苦的学生。我总是在集体训练的时候观察他们每一个人，那股不要命的狠劲儿，让我怀疑他们是防暴队队员。我跟教练讲，我不想练成那么不要命的样子，因为我不想打死谁，我只是想找回我的精神。

跆拳道是武术里奇特的一种，因为太多的拉伸运动，于是变成了一个能长肌肉但还能瘦腿的项目。每次在道馆里闻着奇怪的汗味儿和太多队员的脚臭味儿，开始觉得恶心，后来慢慢适应。我在这个馆里和小商贩、学生、小摊主等各种背景的人一起训练，每次都仿佛进入了另一个世界。那是一个跟豪华写字楼、格子间、星巴克、Costa完全不相干的地方，不需要说假话，不需要按照利益关系交朋友，不需要人前一套背后一套。在这个地方，不管你的背景是什么，只有一个字“练”！

我喜欢把自己放在各种关系纯粹的环境里，比如道馆，而从不参加所谓的“商业聚会”或者“圈子聚会”。说白了，我怕自己变成一个装腔作势的人。

太多人闻讯跑来告诉我两件事：“练跆拳道腿会变粗！”“女孩子应该练一些温柔的，比如瑜伽！”嘿！生活如此丰富，生命如此壮阔，去体验自己想要经历的，哪有那么多粗腿和温柔不温柔的事情。人应该遵从自己内心的声音来塑造人生经验，而不是为了让自己变成标准的样子而故意做一些什么。

我记得大学体育课的选修项目，跆拳道是一门选修课，特别多的女生唧唧喳喳地选跆拳道，因为跆拳道是我们从小都未曾涉猎过的东西。我们好奇，我们不怕辛苦，我们满怀憧憬地去报名。那时，也从未有人提醒我们跆拳道会让腿变粗或者会让我们不温柔而找不到男朋友！可是现在的我们，怎么就那么突兀地想起了温柔不温柔的问题？

年轻人的张扬在社会历练了几年之后，越发从内心的好奇趋于对规则的遵守与靠拢；曾经的各种不甘示弱与鲜明个性在周围人的唾沫星子里老去，并在互相取暖与拉拢中定义（其实是巩固旧有的）社会价值与人文规范，以为这就是成熟，以为世界就应该是这样条条框框的样子。

其实，每一代年轻人的本质都是一样的，关键是太多的人走着走着就回到了与父辈相同的那条路上。那条路安全温和，没有刀光剑影，也不需要以刚克刚。只有少部分人在撕裂自己的伤口，去建立一个属于自己的新世界。当然，他们会遭到羡慕嫉妒恨，以及各种流言蜚语。但是他们的内心已经足够广阔，广阔到周边的一切都无法再伤害到他们。于是，他们越发成为改变历史的人。

写到这里，我想起闺蜜花菜曾经跟我说过一段话：

“生活就是这个样子。我们尽量选择了在作出选择的时刻认为更精彩的那条路，或者更符合自己心意的那一条路。于是就按照自己的意愿往前走，不管最后拐到了哪个方向上，都是自己独特的记忆。很多时候在路上才会找到不一样的风景，然后才顺着那些突然出现的风景拐过去，可能就发现了另一片天地，也可能又拐回到原来的路上。但是所有的风景，都是有勇气尝试，才可以看到的。”

练习跆拳道，其实是为唤回自己的精神！在这个信仰与耐性都缺失的年代，人生的壮美富饶更多地在于内心的素养与精神的坚强。之后，你才可能拥有一个奔放自由的生命，拥有豁达、坦然和勇敢的内心，去承载这个万千斑斓的世界可能发生的一切，无论好坏，无论高低，无论世人如何评论。

规规范范、急功近利的生命

很多人告诉我们，从22岁毕业开始，到25岁要如何，30岁要如何，35岁要如何……倘若中间有一个地方有闪失，就会影响到下一个阶段的生活品质和生活质量。于是我们不敢懈怠，不敢让任何一个节点出问题，以免耽误了人生的跃进。

可是为了人生的跃进，我发现我没有闲情逸致去看窗台上乌龟背上的阳光，没有兴趣去和朋友吃一顿简单而温暖的饭，没有时间去跳跳舞、弹弹琴……我所做的每一件事儿似乎都不是发自内心的，而是缘于未来的某种需要，因为生活的劳碌困顿，生活也被这些节点打得支离破碎，成为一块块标准的瓷砖，很整齐，但是没有了生趣。

有一天看电视访谈节目，发现柳传志40岁才开始做联想，突然想到我们自己天天赶啊赶啊赶地生活，好像26岁月薪没有上万就很失败。当我们变成了一个个规范的方格子里的小可怜，还是否记得这个世界是什么样子的？

我的三姨是个普通的铁路工作者，她倒了一辈子班，四十多岁的时候突然开始做保险了，去年又做了一个补习学校的班主任，今年居然就做了一个新开的分校的校长！听说这是三姨的梦想，她喜欢与人沟通的工作。我觉得我三姨真的好棒！我见过很多说自己老了，已经没有梦想，只求有个还算安稳且较满足的工资的人，而这些人不过快30岁罢了。这么一对比，我三姨简直太棒了！她在40岁，还有勇气和精神踊跃地投入到自己念想了很久的事中去，不服输，不服老，还当上了一个小校长，神气得很！

听说南方很多做生意的人，都是三天打鱼两天晒网，什么赚钱做什么，瞅准机会就去下手，每个项目都很小，都只赚几十万就做完了，然后做别的，如此往复。他们的生命里，好像就没有那么多的节点和规范，没有那么多几十岁一定要如何如何的口号。随遇而安，随性而为，生活得洒脱而率真，也更容易取得生意上的成功，却也恰好体会到生命中每一次美好的感动。

我依稀记得，第一次听说人的生命应该以5岁为一节点来进步，我扳着指头数了数，从25岁开始到55岁退休，6个节点，数完了，瞬间就觉得自己的生命就这么被数完了，内心一阵恐慌。我的生命就这样完毕了？

当有人第一次跟我讲："猫同学，你23岁就能进这么顶级的国际公司，能有如此好的平台，真的太棒了。你23岁时的成熟和老练就能和我现在28岁一样，可见你28岁的时候一定会有很大的成绩！"我突然觉得我在正确的时间干了件错误的事儿。某次周末，我在飞机上做面膜，邻座的大叔刘总大叹我会抓紧时间。他问我："多好的天气，年轻的你要去谈恋爱，去享受生命中美好的东西，怎么自己跑出来出差？"哦，我该说什么呢？我为什么要在23岁加班又出差？而我27岁的朋友们都打扮得花枝招展，却发愁找不到男朋友？男性朋友第一次去我家，我正开着衣柜找护膝。他很奇怪，问我："你才23岁，为什么衣服都是黑色白色的？你应该是灿烂的恨不得用尽全世界颜色的年纪啊！"我一拍脑袋觉得很对，于是换了整个衣柜的衣服。尽管这些颜色扎眼而显得我在职场好像不那么专业，可是可信赖度是在自己心里的，不是在衣服上的。我真的希望在27岁回过头来看路边花枝乱颤的小女孩们的时候，心里没有后悔和羡慕。

我开始质疑那些节点的意义，那些30岁一定要做到的事儿，那些25岁一定不能再错的事儿，真的就那么重要吗？我觉得自己是一个急功近利的人，而恰恰是心里比对这些时间的节点，让自己开始无限地追求时间的刻度，而不是生命的质量与意义。我开始想，如果我们模糊了这些节点的概念，将自己火热的梦想投入到生命的长河中去慢慢洗涤，涤荡出的精彩与壮美，是否可以穿越生命的维度，绽放出充满生气与灵动的光芒？

生命的火花是什么？我更愿意相信，它来自生命中最原始的撞击与最自然的发现，那些高锰酸钾与二氧化硫的奇遇记，那些几何图形中的神奇定理，那些力与美的完美艺术，是否还能点燃我们生命最初始的火花？当内心的本真回归到对生命的无限探索以及对未知世界的好奇的时候，我们才能为某一种幸福产生无限的追寻动力。

青春呀！你在忍什么

今天，某公司和我一样大的女孩子，学历比我高，长得比我漂亮的姑娘活生生地倒在众人的面前，我就不淡定了。25岁啊，青春正当年啊！！

无数人扼腕长叹，无数人悼念惋惜，我也是，我甚至觉得那几天过得很阴沉，这姑娘，还是我一好朋友的师姐，顿感伤悲。

可是，她为什么就不说呢！为什么发高烧就熬着、忍着、挺着，最后变成了脑膜炎，再然后就没了……想想我们自己，如果是你我他，会不会也是这样的做法？

90%是！

因为从小就是忍性教育！

幼儿园，睡不着要忍着，饭不好吃要忍着，鸡蛋噎住了也要忍着！

小学，上课的时候要去厕所，忍着，到下课才能去，上课去厕所一定会被老师翻白眼！

初中，每个学生不分体质好坏，一律跟着队伍晨跑，不许掉队，于是大家拼命跑，慢的拼死跟！跑回来脸都白了，每天跑操跟上坟似的。

高中，高三比谁灭灯晚，撑不住了也要撑！感冒发烧咳嗽一律要上课，撑不住了一定要医院开证明，你快挂了才能休！

大学，老师讲得太烂要忍着，宿舍条件太差要忍着，舍友大声喧哗要忍着，食堂吃出小强要忍着；找不到工作要忍着，郁闷得想哭要忍着，不敢跟父母说不好要忍着，工作钱太少只能租地下室要忍着。

经过20年的“忍吹忍打”，你还敢说话吗？你还敢发表不同意见吗？

想当年，我小学四年级的班主任每天上课讲自己孙子的童年趣闻，我实在忍不了了，站起来就提意见，要求老师翻开课本。老师一辈子没见过我这样的，于是活生生地气昏倒了，然后我就被迫转学了！再然后其他学生家长都手挽手肩并肩地提着花篮走进我家，感谢我的壮举为全班同学带来了“换老师”的福音。我就以“牺牲我一个，幸福四十个”的精神，从此过上了转学后颠沛流离、骗吃骗喝的日子。

直到今天，每当第一个小学的同学聚会时，诸位总是赞叹我今日在外混得相当不错！我总是非常凌厉地指着他们骂：“我不出头谁出头，都是你们这帮尿货逼的！”通过这件事，我从小就知道，不忍的代价就是出局！

毕业了，进入社会了！青春正当年，却听到无数抱怨，个别人跳出了火炉，勇敢地过上了新生活，但这种人一般会被很多周围的人担心，或者觉得忒不靠谱了！！大部分人继续在火炉里抱怨，直到自己熬过那些长亭外古道边的艰苦岁月，抱怨没有了，但人也变了！

教育的目的

有句不知道谁说的话，说得很好：“教育的目的，就是鼓励人们学习他们从未学过的知识，操作那些他们没有操纵过的工具，解决那些他们从来没有遇见过的问题。”

而我们的教育，是让我们用极大的耐心，把“1+1=2”翻过来倒过去地折磨了整整一个学期之后，还不让我们操纵计算器这种速算工具。当我们把所有内容学完之后，有幸遇到点儿新的问题，而我们的前辈家长会立刻跳出来告诉我们：“按照经验，按照历史，按照老祖宗的规矩，这个事情是这样解决的……”

于是，我们就信了！而且信誓旦旦地放在心里，觉得学到了长辈的宝贵经验！再也不去想，这事儿到底是不是这样的！

时代在进步，社会在发展，可是解决问题的方法，却永远是很早以前的，这样的社会不是轮回是什么？

如果一个社会永远轮回下去，还有什么所谓的新精神？新风尚？新思想？新格调？

长辈一直讲：要做一个靠谱的人！

可是我觉得：只要把有限的谱靠在关键的地方就可以了！不用天天靠着，太累了！

于是，我就变成一个什么都不靠谱的问题青年，再一次出局了！！！

所以，当万千社会新青年走进职场的大熔炉里被锻造的时候，嗞嗞拉拉发出疼痛的声音，总会有很多人在旁边按着你的身体，告诉你：“忍着点，过几年，你就能变成精英了！就能当职场典范放在铜版纸的杂志上了！”

可是，那些杂志，那些清一色的忍辱负重的故事，你真的喜欢看吗？

青春，请做一个连你都很喜欢自己的人

昨天上课，学生问我：“赵老师，如何变成一个好玩的人？”

我觉得，是尽可能地做一些远离你工作的事情。如果你的工作是IT，你可以去玩摄影、玩音乐、玩街舞，与你本职工作的偏差越大，你会玩的东西越多，你就会越来越多地变成一个让人很稀罕的小孩儿。

谁每天捧着《商务专刊》读那些成功女性和精英男性的故事啊？

谁喜欢每天看着杂志上穿着各种大牌正装的人讲自己千篇一律的奋斗箴言啊？

你是不是也很喜欢好玩的人？

你是不是听说朋友不靠谱的事儿就觉得很欢乐？

你是不是也希望变身一个什么都会，什么都做得很棒的新青年？

无数的书籍告诉你，你要不顾一切肯攀登，这样你就会早出头！

无数的广告告诉你，早晨喝星巴克，中午吃牛排，晚上去夜店才是牛逼的人生！

可是有一天，你会发现，你除了本职工作，再也没有新鲜的

话题可讲了。

当你30岁的时候，你除了有一些钱，还有什么关于20岁的记忆呢？

事情并没有那么糟

很多人觉得吧，很多事情并不是这样的。不忍着，就会没有工作，就会没有钱，就会没法生活，就会……惨到要死……应试教育课上多了吧？

我刚上班的时候，遇见经济危机，觉得公司要裁人肯定先裁掉我。那天，我坐在马桶上问我妈如果我被辞退了，怎么办呢？

我妈头都没抬地说："那就回家啊，休息休息再工作呗！大不了在家混吃混喝呗，你又不是生下来就赚钱给家里的！"

我仔细回忆了很多细节，通常当我们留在北京上海香港纽约等大城市时，为什么会压力大呢？

因为视野太小了！

我们看到的永远是塔尖上的那一小撮人，并一直试图爬上去变成那一小撮人，结果通常半路就摔死了，或者也就爬到半山腰就退休了。只是，很多时候我们故意不给自己留后路，逼迫自己向前走，向前走明明有很多路，可是你就只看见那么一条路，于是你就比较容易压力大，还抑郁。

很多人会觉得，我好不容易毕业在北京找一牛逼公司啊，万一出点差错被辞退了就太没面子了！以后弟兄们之间怎么混啊！

即使生病了，也依然坚持，会觉得我不坚持，饭碗就没有了，老妈以后跟邻里街坊拿什么夸我啊！

事实上，就是我们自己在逼自己成为华尔街精英，谁也没逼我们，甚至谁都不在乎我们到底能不能成为华尔街精英！

试想一下，如果我们现在因为工作出错等原因，造成了辞职或者被辞退，我们还剩下多少乐观的心态面对未来？我们把自己关在小黑屋里愤懑地觉得以后该怎么办的可能性有多大？

其实我们每一个人的生命，都不会那么恰好地适合这个社会，有个别坚持或者暂时的隐忍都是可能的。但都要有一个度，不要屈就了自己的灵魂和底线。在隐忍的同时也不要忘记看看头顶的天，看看这个世界上其他精彩美妙的选择和可能性，不要被“面子”蒙蔽了双眼，更不要让习惯压制了内心更多的渴望。否则，世界那么大，青春，你在忍什么？

那些无处不在的可能性

远在澳洲教中文的kiki最近在邮件里说，经过了三年在澳洲做对外汉语老师的各种严寒酷暑之后，她最近得到了好几个绝好的机会，都是她曾经梦寐以求的，只不过以前资历太浅，只有站人家门口流口水的份儿！但是现在，当她努力克服一切困难做到第三年的时候，各种机会像刚睡醒了一样排着队来找她了。

她跟我说："一个工作无论行业开放性有多大，无论你的工作地点在哪里，都有无处不在的可能性。所以，亲爱的，不管是岔路还是阳关道，认认真真走下去很重要。"

认认真真坚持一件事当然是很难的，特别是遇见困难的时候。比如有时候很困了还要坚持写博客，写得脑子都不知道在干什么了，第二天早晨发现还算是个不错的文章的时候，回忆起来前一天晚上写的时候神智都迷茫了；再比如工作，连上实习做公关已经整整五年了，中间不可能一直都昂首向前地亢奋着，也曾信誓旦旦地决心不干了，太累了，每天做报告做到恶心，有一次连着写了好几个新闻稿，到最后对着电脑屏幕恶心得直想吐，高强度的压力，加班到很晚……可是每当有一点小小的进步，比如这个会写了，那个也会做了，认识了好多如果不上班就不会认识的人，看到行业里很牛的前辈做得好漂亮的案例，还是会慢慢说服自己，坚持一下，再坚持一下，就这么放弃真的很可惜！有的时候帮朋友出主意或者想方案，或者写个什么东西，都会得到对方的大赞，觉得我做的东西好专业、好标准、好漂亮，这个时候便会念起公司的好，嗯，虽然我有时候很辛苦很难过，压力大得睡不着觉，但是还真是这几年的专业训练，把我从一个什么都不管不顾乱穿衣服乱说话的野孩子，训练成一个做事有边有角说话有模有样的社会孩子，至少在正式场合还能装得不错！如果没有这几年的艰苦训练，是不是我现在也说不出来很多话？写不出来很多东西？无法认识很多人？

最近遇见朋友跳槽，半年一次的跳槽，理由就是不喜欢了就跳槽，结果都是平行跳，工作内容基本没变过，因此一直都是不喜欢。我没说什么，只是有点替她着急。

我记得刚开始做公关的时候，也觉得对很多事情不屑一顾，觉得什么都很简单，觉得自己应该能力很强，花了那么多钱和时间学这个学那个，学历、学校、经历、学业、英文，哪个都不差，自己都快成百宝箱了，结果跑到跨国公司里递快递、画表格、数数字来了。那时候我跟大家一样，觉得自己出去也应该能谈个生意吧，或者能带几个人做个项目吧？

我就投了三个简历，百发百中地接连拿offer，最后挨个跳槽！我在第一个公司画表格打电话两个月，在第二个公司画表格打电话写PPT有5个月，我以为以我7个月的跨国公司实习，来第三个公司能有什么高级点的事儿干，结果来了发现我什么都不扎实，没见识没资历还没创造力。同事一起吃饭都不知道该说什么，永远沉默地吃；和媒体吃饭谈合作不知道说什么，永远瞪着眼睛听，出去吵个架都抓不住重点，吵着吵着就忘了论据是什么了，丝毫没有逻辑性，资历浅啊！一切从头开始才能让我自卑的小心脏踏实一点点，所以又画表格写PPT写了6个月才宣告扎实地转正入职，开始做项目。

日子长了，坚持得久了，自己能做出一些特色和擅长的东西来了，所以机会便无处不在了，很多事情自己就可以开始畅所欲言，按照自己心里想的做出来，也会有人开始相信你这样做是对的！

当我开始有能力延伸到更多更广更深的地方的时候，我却看到了自己越来越多的不足，也便有了越来越强烈的学习欲望，比如当大家觉得我做××还不错的时候，我开始恐慌我对××理论的缺乏。我喜欢这种谦卑的感觉，并下意识地让自己有自信地走到更远的地方，抓住更多的机会，触碰到更多无处不在的可能性。

我很享受这种倒空自己的学习感觉，也喜欢自己走向越来越大的世界，而这一切的前提是，我感谢这几年艰苦的训练和培养，我希望自己能更认认真真地走下去！为了那些我还不知道的未来的各种可能性，为了所有傻呵呵矗在心里的不会消失的理想！

你最伟大的作品，正在前面等你

最近看了六六很早以前的文章《月薪两千也要有一万元的范儿》，虽然有点文不对题，但我更喜欢文。

大约我目前的处境很像她早年间的样子，写剧本，写文章，虽然有点小小的名气，也有各种机会被别人买走版权赚点小钱，但得到的远比付出的要少很多很多。在这样的处境下，我依然会打了鸡血一样提醒自己，不要计较钱，机会比金钱都重要。要坚持，要相信会有很漂亮的一天。

去年签下了《从北京到台湾，这么近那么远》的电影版权，得到了少到都不好意思说出来的版权费。我记得那个跟导演签约的夜晚，在三里屯一个黑漆漆的小路上的一个小茶馆里，一点点的钱，我在合约上按了手印。走出茶馆，是夜深人静的凌晨1点，冻嗖嗖地站在马路边打车。第二天，仍然要按时起床，挤地铁上班，过着受气或者不受气的上班族的日子，晚上回来第一件事依然是开电脑，写东西。很多人觉得我卖电影版权肯定得了几十万，还上什么班啊，哪有那么容易？在影视剧本的圈子，我算哪棵葱？

人要有自知之明，特别在年轻的时候，凡事要尽力把目光放长远，看到长远的价值。我不喜欢参加所谓的聚会，因为聚会的内容不是晒成就，就是抱怨社会，听多了连饭都吃不下去。前几天帮一个朋友推荐工作，对方在所在的领域有一年半的工作经验，但却开出了极高的薪水，让大家都没有动力再去帮他做什么。前辈跟我讲：“现在的年轻人，做什么事都要求立刻有回报，不愿意看长远。总觉得社会没有给他机会，其实是自己不给自己机会。”

友人说我版权的出价太低了，跟白送似的，应该再等等。

可是，如果当初因为价格低不签，觉得自己有一口傲气，那么现在也无法认识那么多圈子里值得悉心学习的前辈，没机会进入这样一个完全陌生但极有兴趣的领域。或许有一天，我想要拍电影了，那时没资源，没人脉，没知识，甚至都没人愿意来耐心读读你的剧本，问问你的构思。这么想来，我得到的远不止那一笔小钱了吧。钱是一把尺子，在市场上标志着产品的价格，但却无法准确地标志一个人生命内心的所得。

有时候我也想偷懒，想想从22～26岁的所有周末都在家宅着，春夏秋冬都感觉不到。北京城的博物馆、游乐场、电影院、各种好吃的餐馆，都没怎么去过，真枉费了在这地界儿。写文章从最初的免费，到慢慢开始有低廉的稿费，再慢慢发展到今天，虽价格依然不高，但却能看到自己能力与视野的开阔，而这一切，都是一个时辰一个时辰熬出来的。每次想偷懒，都要问自己，想要吗？想要就要去吃苦，用别人睡觉看电视逛街聚会刷微博的时间来看书学习；不想吃苦，那看到别人有所成就的时候，也不要眼红不要说风凉话不要羡慕嫉妒恨。我在微博上关注的“咆哮女郎柏邦妮”，乍一看是个特自由自在的姑娘，读她的新书《老女孩》中友人序言，开头有一句话：“那孩子，自己住在垃圾堆里，存钱给爸妈买房子！”这句话，直戳人心。

最近看《故事》这本书，开篇有一段，讲很多写剧本的人总是说自己生不逢时，自己的才华不被看中。关于此，作者写了这么一段话：

“与其痛思时运不济，不如起而磨砺自己，以臻卓越。如果你在经纪人面前拿得出饱蕴才思、富有独创的剧本，他们将会争先恐后地当你的代理人。你所雇用的经纪人将会在正闹故事饥荒的制片人中挑起一场夺标战，中标者将会付给你一大笔钱，数目之巨足以令他囊中羞涩。”

这段话让我更加安心地坐在电脑前，如饥似渴地学习新领域的知识。在我看来，不要在年轻的时候就长有一身傲骨，机会比什么都重要。我们还年轻，还有几十年让自己创造，人生不是一锤子的买卖。凡事要看长远，要放长线钓大鱼。虽然我也经常短视，因此更要提醒自己，能在年轻的时候，得到有经验的前辈的垂青，多么幸运。

我希望自己是一个有自知之明的人，在全新的领域永远保持谦卑的心态，在没能有一个作品来说话的时候，最好少说话，多干活。那些有作品有资格的人，说句废话都是名言，而现在的自己，什么都不是。

你最伟大的作品，在你前面等着你完成。共勉！

等一等，让灵魂跟上来

好像已经很久没觉得幸福，好像已经很久冷漠地生活，好像一切都是应该的一样。

赚3000元的时候，想着如果能赚5000元，生活就会更加宽裕而幸福吧。

赚5000元的时候，想着如果能赚10000元，生活就会更加宽裕而幸福吧。

……

以为换一个公司，薪水和职位得到提升，很多问题就可以解决了。但是好像不是这样。多出来的那部分钱，并没有让人觉得多一点点的快乐，甚至不觉得那些加上来的钱对自己有什么积极的改变。不好的是，自己好像变得不那么开心了，甚至体会不到生活的每一点小幸福了。

是生活真的不幸福了吗？

用S的话来讲："你每天上班不用风吹日晒，早晨9点才睁开眼，10点都不定能到公司大门口。每天工作就是敲敲键盘，打两个电话，开几个小会，你到底有什么难过和痛苦的？"

是啊，我生活衣食饱暖，工作稳定，且还是众人仰慕的知名公司！每天10点上班，下班时间虽然不定，但加班比起以前也算不上多。周末看看电影看看书，偶然出去旅旅游！每次早晨看到写字楼外挂在高空的那些擦玻璃的师傅，都会觉得自己的工作简直太幸福了！可是为什么我们还不断地抱怨和不满足？

每个人都有这样的感受，我们都觉得如果钱再多点，那就会对得起自己的辛苦工作了，继而生活上宽裕一些，能让自己买更多的东西，由此生活就会变得幸福。可是伴随每一次的加薪，生活并没有变得幸福。用增加的钱来购买东西能让你真正感到快乐吗？好像没有！这似乎是一个与钱无关的问题。

前几天突发奇想地想买个小房子，根据北京的购房政策，我要等到2012年年底才有资格去买。于是在家算了半天钱，算出每个月要攒多少钱才能够买。那之后的一个星期，我发现我不敢去和朋友聚餐，看见好玩的喜欢的东西也不敢立刻买下来，想去上什么课也要算一下豪迈地花出去这笔钱对那小房子会有什么影响……有一种无形的压力无时无刻不压在我的身上，还开始担心如果工作变得苦逼，辞职了钱怎么办等。

那一周的时间我充分感觉到，是无止境的欲望压住了我对幸福生活的敏感度，过于专一的目标让我失去了对生活小事的兴趣。在强大的首付压力面前，收到一张远方的明信片，抑或跟久未谋面的好友聚餐，是件与买房子这样强大闪亮的目标完全无关的事，也没有什么帮助。沉静无华的岁月，内心变得世俗而功利，欲望不断强大筑成一个三面围堵的高墙，再也看不到四周的方向，生命变成了那一条通向强大目标的跑道。可惜那目标的光亮来自太过遥远的地方，自己每天的奔跑如同杯水车薪，每天夜里的雄心壮志都会在第二天的现实中幻灭。欲望，永远无法被满足；满足感，从未充盈在心间。

至于自己，新的工作并没有什么太多的挑战，因此并不会给生活太大的灾难。灾难本身在于自己的内心，加薪后你发现可以去买演唱会的看台票了，你的内心还没来得及满足和幸福，就变成了“我什么时候可以去买内场票”？瞬间内心就幻灭而苦逼了！一旦思维方式变成这样，那生活中所有的小幸福都会在瞬间变成更大的不满足，继而再也感受不到幸福。

我们以为那是单纯的钱所造成的问题，是社会地位、公司背景带来的影响，但事实上是自己的内心在作祟。因为我们都有过那种学生时代没什么钱但特别幸福快乐的日子，也曾有过刚入职一句表扬就可以让一整天都很欢乐的岁月。那个时候什么都没有，但是我们很快乐，对一切都充满了好奇和新鲜感，也非常乐于参加各种社会活动。但是现在，我们的内心开始变得功利而有目的性，与目的无关的事情都没有心情去关注，生活开始疲于奔命地向前冲，但是冲到哪里，似乎没有人知道尽头，灵魂被丢在了哪里？

我们生活在一个畸形的社会圈子里，仿佛每个人的生活都在往前赶。上学、找工作、稳定经济、找对象、结婚、生孩子、孩子上学、孩子找工作……似乎生活的目的就是不断地进入下一个阶段，完成一项项任务，满足一项项欲望。我们拼命地向前冲，通关打游戏一样地急迫，忘记了灵魂在哪里，也忘记了生命的意义。

我从7月跳槽后一直往前冲，冲到9月底彻底病倒了。在医院每天输液的日子里，看着药水慢慢滴落，内心也开始跟着变慢。那些日子，每天躺在床上休息，不怎么看书，也不看电影，闲了跟隔壁输液大妈聊天，帮她吃家人带来的各种食物，看急诊室里人来人往。那一刻，我觉得这才是生活本来应该有的样子。

考拉是一个在美国读书生活，对生活充满满足感的女孩子。她刚刚毕业，工作不到两个月，结婚一年。她总会因为看了一部精彩的电影，老公给她做了一个中国大饼而欢呼雀跃，像一个小孩子一样。前几天她收到CEO给她写的一个小小的嘉奖信，表扬她工作不错，送给她一张加油卡。她快乐得要跳起来了！我也收到过，甚至收到过比CEO级别更高的人的嘉奖信，但是我随后就放进了抽屉里，继续工作，内心一点起伏都没有。我原来以为这叫成熟和稳重，现在想来，我开始羡慕她拥有感知幸福的能力。

感知幸福的能力，需要灵魂和身体一起在场。等一等，让灵魂跟上来。

加油吧，向日葵小姐！

Sammy说：“四年前的一天，我们一起去客户公司开会，出来的时候，我们站在写字楼前聊了很久的天儿。那时候我刚来这家公司，一切都不熟悉。具体聊了什么我不记得了，但是我记得你自由自在的声音和眉飞色舞的眼神，我觉得你像一棵向日葵，让我看到了怒放的生命。”

我大口地喝着汽水，恍惚间仿佛穿越回到两年前客户公司门口的阳光平台上，那时候的我，23岁，入职一年，无所畏惧，靠在栏杆上和新同事神侃，Sammy用仰视的目光看着我狂喷，在阳光的斜照下，我熠熠生辉的形象坚定地种在她自由散漫的心里。我猜想，那时候的我一定是个奔放的人。

现在的我，时而会像一个暮年的人，我总是喜欢安静地思考一些事情，希望从中找到一些规律；或者是因为我的生活里总是在同一个时间涌进来大量不同类别的事情，迫使我不得不安安静静地想一想。这两年的我，工作以外做了很多事情，比如开了一个博客，写了本书，做了一个公益小组，接触了很多工作以外的商业社会。辛苦和努力自不必说，担惊受怕与捶胸顿足的日子也必不可少，得出了一些宝贵的经验，希望能写下来，以警醒我未来的生命长河。

想在有限的时间里经历很多事情，唯一的方法是抢时间和精神抖擞

很久以前的自己，喜欢看一些时间管理类书籍，也常常给自己规定几点起床几点睡觉，几点到几点做什么，但却收效甚微。我经历过很久一段回家就晃悠，却看书看到两点的疲惫时光；还有一段时间，每天上个班就觉得自己要累死了，回家什么都不想做，就盯着天花板发呆，或者看看电视，稀里糊涂地睡觉。我觉得我的体力似乎越发地差起来，但其实是精神差起来。

我曾经跟我的学生讲起过前辈的光辉事迹，比如他经常性地通宵达旦工作以及每月阅读90本书。他累不累？辛苦不辛苦？可是他在抢时间，他强迫自己的精神抖擞到后半夜去。

我没有前辈那么抖擞的精神，因此我没有人脉，没有口碑，没有令人羡慕与崇拜的地方，我无话可说。谁让你没有付出，谁让你每天懒洋洋地放纵自己的疲惫细胞，在电视机面前昏沉地睡去。

不要羡慕其他人小小年纪就如何如何，也不要抱怨什么上天不公，或者遇不到伯乐。真正的千里马不在赛马场的跑道上，而是在自己的疆土飞驰。真正的伯乐会开足火力追逐那自由奔放的灵物，而不会在马圈里走来走去，听你哀号。

记得感恩，减少抱怨，永远从自身找原因

我时常会在网上遇见我的大学老师们，对于他们，我总是有着熟悉但又有点陌生的感觉。我的大学是一所普通的二本学校，托富有改革创新精神校长的福，我有幸在后两年进入中国最好的大学继续学习。因此，对于我的老师们，我只有两年的时间跟他们在一起，加上性格乖张，举止叛逆，关系不算太好。很多人觉得我的学校很差，徒有其表，小桥流水人家的建筑工地相当了得，教学质量仅停留在照本宣科的阶段。以前我在学校的时候，也常抱怨很多不如意的地方。

瑶姐有句土话说得好：“无论什么样的生活，都是你自己‘作’（zuo读一声）的。”显而易见，高考是自己考的，题是自己做的，志愿是自己填的，就算有天大的意外发生，那也轮不到我抱怨学校，有本事考哈佛、耶鲁去啊，考不上瞎叫唤什么啊。

我很感谢我的母校，那所仅仅在一个地级市，有很少外省学生的普通学校，给了我两年安静的时间，让我有足够的时间把自己学得松松垮垮的英文扎扎实实地重新建造了一遍；我感谢我的母校，宽容我的各种叛逆与乖张，允许我的各种独立与孤僻；我也感谢那些只陪伴了我两年的老师，因为我的特别与突兀，而给予我的所有理解与爱护。我把自己年少所有的无知、嚣张、疯癫、幼稚，在那所远远的大学里撒泼完毕后，踩在它肩上走进了我的明媚世界。

如此一想，我还有什么资格去抱怨它没有给我国际交换生的机会，抱怨它没有给我国际化视野的胸怀，抱怨它没有给我一流的师资与教育资源？它给予我坚毅的精神与无畏的勇气，像一个垃圾桶一样带走了我所有的坏毛病。它像一个毫不需要回报的老人，在我日渐远去的背影后默默消失到好像从没有来过一样。

毕业的时候，我从北京跑回去，和一位其实不熟悉的老师拥抱了很久，他在我耳边默默地说了一句：“孩子，你终于回来了，没有照顾好你，对不起呀。”他放开我，猛然喝了一杯白酒，我也喝了一杯，然后，泪流满面。

小姑娘，你要坚持啊！

伟大的D导演昨天喝多了，给我打了个电话，带着一点微醉的酒气和咆哮，开篇的第一句话就是："小姑娘，你要坚持啊！我知道你最近遇到很多事情，但是不要气馁，这一切只是过程而已。小姑娘你要坚持啊！你有才华，你能写出感动整个华人界的作品，你要坚持啊！"

我拿着电话，听着他说话，哎呦哎呦，眼泪差点就下来了，那个瞬间，让我想起了林怀民。

现代舞大师级人物林怀民，在1988年曾想放弃云门。那一年他41岁，有一天上街打车，司机认出他来。问起为什么没有云门了，他表示坚持下来很辛苦。司机表示了理解和安慰。快下车的时候，司机对林先生大喊："林先生，我们做司机，每天风风雨雨在台北街头也很辛苦。台湾没有云门，我们很寂寞。林老师，加油啊！"然后林怀民先生就站在街上愣住了！

真正的才华，是不会被磨损的！

真正的梦想，是永远不会被打败的！

因为梦想本身就是一棵奔奔放放的向日葵！

耐得住寂寞！不断冲向高峰！

加油吧！！！向日葵小姐！！！

自由，是不能代替的远方

我要的坚强/不是谁的肩膀/怀抱是个不能停留的地方

这世界多拥挤/就有多匆忙/用所有的寂寞时光给自己鼓掌

我要的飞翔/不是借双翅膀/自由是个不能代替的远方

用旅途的孤单/来收获成长/直到遇见了你一起分享

——许飞《我要的飞翔》

Dear花菜：

你的电话在我给你发出邮件一分钟后，就从巴黎的一片田野里打到我在北京小小的蜗居。此时此刻，我特别想给你写点什么，我在看你的博客，然后听到卡农，很温柔的感觉，我仿佛看到你曾经给我看过的那个加拿大琴房的照片，你在里面安静地弹琴，我在身后看见你的样子。

以前你在北大，每天的生活就是学习和恋爱，不用担心经济与物质，不用担心安全与危难，学校就是个大大的保护伞，只要你回到这里，就不用害怕担心外来的伤害。巴黎，你在那里开始一个人举目无亲的生活，每天读你的日志，关注你的每一篇文章，渐渐地我欣喜地发现，你学会了挑选炒菜锅，你学会了做饭，你开始了打工赚钱，在那个遥远的浪漫城市，你开始学着坚强而独立地成长，你开始迎接每一次小的荣誉和掌声。你不再是我身边那个摇摇头撅撅嘴的小女孩了。我想，当你回到祖国的时候，会不会散发着一种成熟而自信的味道，让人看到不一样的金灿灿的阳光？

这三个月，你在巴黎迅速地成长，我在北京迅速地蜕变。你知道的，自从实习之后，我开始害怕很多事情，害怕朋友对我不好的评价，害怕工作做不好，害怕一点点的磨难和危险。我是那么小心翼翼地生活了整整两年。因为那段时间我没有梦想，我大学最后的梦想就是有一个自己喜欢的工作，我实现了，然后就没有新的梦想了。我想了很久很久，也没发现究竟我想要什么，喜欢什么。那段时间，我要么上班，要么在家里躺着打发时间，然后自责地发现时间一点点地流淌过去。那一年，你就在和我对角线的北京城的我们的学校里，可是我没有回去过，因为我没有精神做工作以外的任何事情，总觉得自己该为什么事情做点什么，却又没做什么。

梦想，像一口大锅，吞噬了我的激情，挖空了我内心对生活的所有憧憬。每天都急匆匆地过着，却感觉空落落的。那个时候我被安排到学校做求职分享，我的名字下面空空地写了一行字“××公司实习生”，我全部的人和全部的生活就这一行字高度概括了。我的人生，没有一点别的痕迹。

这三个月我思考了很多，一如你看到我博客中所有的事情。这个夏天，你离开祖国，我迅速长大，明确了一个终身的梦想，开始了特立独行的计划，已经不害怕很多事情，内心变得勇敢而强大。这个月底我24岁，你23.4岁，在此来临之前，我欣喜地看到自己的变化，由衷的欣喜。同时我在想是不是当你回来的时候，我们都能一样地勇敢而茁壮！

生活不是规范的方格子

前天在某个培训学校做职场分享，从2006级的学生身上我发现了太多太多的不好。在这个招聘会疯狂的季节里，当世界500强来临的时候，每个人都不遗余力地挤进去。我在想是不是当年我们也一样。我们是那么用功，不管自己是不是在那个格子里，都努力地往上跳，期待幸运落在自己的头上，摘得一个明媚的offer，炫耀一下暂时的荣光。我们的生活在四年畸形的竞争中变成了一个个的方格子，每一个时间只在一个格子里，努力和大家站在一样的格子里，不管有多么拥挤和不开心，也绝不会跳出或者转身特立独行。生活，充满窒息的味道，愈加让人心胸狭隘，忘乎所以，功利世俗，变得鄙夷他人，自私自利。难道这就是成长的最终归途？

你的信上说："我们太过注重各种名头，各种成绩，而忘记了我们最终是要掌握扎实的技能和知识，并把它们用在实践里面。比如我们不应是为了拿金融市场学或者宏观经济学课程的3.7或者4.0，而应该是去透彻理解它们的内在机制并且用来帮助我们自己理解这个世界在怎样运转。"

我开始重新读经济学，读文学，读史书，读管理，一个字一个字地读书，曾经年少迷失在500强的光环里，博雅塔下的未名湖、藏书甚多的图书馆，只有在期末抓狂的时候才会去。可是现在，不管周围的人在哪个方格子里，变成什么不堪入目的样子，我始终坚定地在我自己的泡泡里，安静地读书，读懂每一个字、每一句话，看清这个世界的每一个角落。你说这叫让自己慢慢有“硬货”。你没有准备好金融的时候就不会投简历，我真的很高兴，你能变得如此理智和清醒。我们都需要硬货来填充自己随时随地都容易被诱惑的蠢蠢欲动的小内心。

自由，是不能代替的远方

你说你在图书馆打工，帮同学换书借书，从中可以发现图书馆的某个角落里可能有本特别好玩的书，可以发现大家都在学什么，读什么。

亲爱的，我无比激动地觉得我们是那么默契，细心观察生活中每个能让我们有新发现的点滴。我在北京的工作里，曾经把前任leader的新闻稿打印出来抱回家，一句话一句话地分析用词和表达，否则我一个纯中文毕业的本科生，现在怎能在两小时之内写出高质量的高科技IT产品新闻稿？我们都不在乎这件事情的报酬和目的，我们只单纯地享受过程的美好，看到自己一点一点地变得饱满而充盈。

甚至，我们现在是共同的爱情处境，我们目前在急速发展期，我们没办法把任何的时间和精力分给爱情这个东西，也许我们还没遇到对的人，没有遇到想停下来分享的人。我们是小小的女孩子，但是追求着大大的自由和梦想，我们飞快地奔跑，裹挟着勇敢和坚强，是不是我们这样的女孩子最终会变得很无敌？自由，是不能代替的远方。

没关系/不论失去了什么/都没痕迹

每一次/让泪水流回心里/去灌溉梦想/开出奇迹

我要的坚强/不是谁的肩膀/怀抱是个不能停留的地方

这世界多拥挤/就有多匆忙/用所有的寂寞时光给自己鼓掌

我要的飞翔/不是借双翅膀/自由是个不能代替的远方

用旅途的孤单/来收获成长/直到遇见了你一起分享

我们都无比虔诚地大爱这首歌。

星　2009年10月20日

后记

所有的伟大，都从鸡毛蒜皮开始

去年年底想要买个小房子，于是去税务局查从2008年上班开始的纳税记录，打税单的叔叔看着我的记录说：“你从2007年就开始有记录了，都打出来吗？”我很惊讶地凑过去看，原来从正式实习的第一天起就开始缴税，整整14个月没有间断的记录，也就意味着从大三开始14个月的实习我从未间断过，休息过。我的内心突然涌现出巨大的情愫，我仿佛穿越回到6年前，那个东三环边的灯火辉煌的大楼里，一个人加班，窸窸窣窣地吃其他实习生送给我的菜团子当晚餐的夜里。那里，是我职业生涯的开始，是我年轻的梦想开始的地方。

那时的我，也就是21岁，刚开始实习，还没大学毕业，有很多愿望，但都是关于钱的：我希望有一天能带我妈去自由自在地旅行，不用挑便宜的酒店，不用因为便宜选大早晨或者半夜的航班；我希望我妈能想买什么都放心大胆地去买，能安安心心地过上养花遛狗摸鱼抓虾的美好晚年；我希望我妈有一天说想要个什么，我就能马上掏出一张卡满足她！嗯，我就是这么在乎金钱的俗人，而这也是我当时的目标和动力。

我的社会实践，从一天10块钱的促销员开始做起；我的职场，和所有人一样，从琐碎的不重要的出人出力跑腿儿开始，有明争暗斗，也有暗箭难防。不能说我多么出淤泥而不染，但我能说我一直记得我内心的信仰，那就是“不抱怨社会，不埋怨不公，只努力，相信自己”。这五年，我在几个薪水不多，但足够学到东西让自己扎实成长的地方努力奋斗，除此以外，写作或者做点私活赚钱，慢慢一点点积累经验与金钱。那种很慢很辛苦累到不行，但却能迅速提高我各种能力并且让我精力必须充沛的感觉，每一刻都嵌在我的骨头里，没有一丝一毫地被遗忘。

我收到过很多小朋友的来信，跟我讲职场上的困扰、生活上的匆忙，总觉得自己做的事不那么重要，认为自己应该有更大的闪光。我突然想到一个前辈，他跟我说过一个自己的故事。他刚刚入职的时候，是一个不懂英文的人，但是客户恰好对英文要求很高，比如需要写英文的新闻稿，写日常报告等。他没有像很多人一样知难而退，也没有像很多人一样用翻译软件投机取巧。他把客户曾经所有的英文新闻稿中英文都背了一遍，把客户英文网站的内容都背了一遍，之后客户每篇新闻稿都点名由他来写，每次报告都由他来做英文版。这是职场里一件特别小的事，但让我非常感动。我也曾在领导突然离职写新闻稿的大任降临到我头上而不知所措的时候，打印出客户之前所有的新闻稿回家一篇篇像读课文一样研究，如何遣词造句，行文是何种结构，每篇有什么创新与不同。尽管我并未达到前辈那样的水平，但那种对自身的挑战与信心让我感同身受。末了，他跟我说过一句话：“所有的伟大，都从鸡毛蒜皮开始。”这句话像一针鸡血让我热血沸腾了好久!

我不是那种娇生惯养吃不了一点苦的女孩子，我也不是那种只渴求别人给予的女孩子，这些年的奋斗也好，风吹雨打也好，一切都是应该的。我既然选择了这样的生活方式，就要一直坚持下去，才会有变成大大的闪光的一天，半途而废地逃避则永远达不成最初的梦想。要相信自己，相信自己的努力与坚持，相信自己一定会感动上苍！对于每个离家千里在大城市小城市奋斗的年轻人来讲，没有什么比在绝望的暗夜里相信自己更加重要。

前几天，买了一个小房子，把所有银行卡里的钱都拿出来交了首付款之后，我一个人走在回出租房的小路上。冬日的冷风划过脸庞，漫天水晶一样的小雪花飘飘洒洒落在身上。此时此刻的我，同五年前刚毕业的时候一样，物质上几乎一无所有，但内心却拥有满满的温暖与大大的幸福。

这个城市里，终于有了一束等我回家的光。一切又重新开始，一切都充满希望……

附录 1

某活动演讲稿：把一件事做到极致的好，你才会看到一点点不一样

大家好!

我今天想讲的题目是：把一件事做到极致的好，你才会看到一点点不一样。

刚才我听到前面嘉宾讲了很多光辉伟岸的目标，我跟他们相比较起来，十分非常不上进。我一直是被追着赶着推着往前走的人，所以长期以来没有什么远大的理想和目标。刚才听一位嘉宾说他有五年的计划，后来我跟朋友说，我连5小时都做不出来，因为我的生活总会有各种各样突发的情况，这让我很苦恼。

刚才主持人说我在事业上有所成功，其实这是不对的。今天本来我前任老板要来，但是我严厉地拒绝了他。因为他跟我前几任老板都觉得招我之后是他们职业生涯的一个污点，他们需要用一辈子来偿还这个污点。我的前任HR也非常头疼，所以我不能让他们听到我更加狗血的故事。我前老板一直很迷惑，为什么有很多同学会在网上特别喜欢读我的文字，他觉得像我这种狗血又不靠谱的人应该没有什么励志的作用。但是有时候我混不下

去的时候，我也会读我以前写的博客，我觉得，特别励志！

我18岁以前所有的生活和很多同学大体一样，只是有一点点的特别之处。听我妈说我4岁的时候学弹琴被劝退；我妈还说，老师能忍的话也不会宁可把你劝退也不挣这份钱。我小学三年级写作文的时候，第一篇作文我不会写，我端着板凳坐在厨房，我妈一边做饭一边说，之后长期以来我必须靠我妈的无私帮助才能维持我在小学作文神坛的地位。我数学特别差，我的数学老师断言我一辈子学不好数学，但是后来初中的时候在课堂上睡了一觉突然就学好了，我也不知道为什么。我小学四年级的时候把老师气得在课堂上直接晕倒，然后我混不下去转学了。中考和高考的分数几乎一致，一致地完败了。之后我上了一个普通大学，23岁的时候很神奇地被查出重度抑郁症，还有重度焦虑症，但是我觉得抑郁症更好听一点，上面写着“易自杀人群，请家属注意观察”，于是我就每天观察我自己。24岁那年我做了特别傻的事，我妈来北京看我，我带她看《杜拉拉升职记》的电影。我妈看完电影说：“什么时候你写本书拍部电影我就满意了。”所以，24岁之前我整个是非常悲催的感觉，但是我这个人有一个比较好的品质，就是不要脸，而且是坚持不要脸。

我毕业进第一家公司的时候，我的HR在我在合同上签字的那一瞬间说了一句话：“你的英文没有母语好，回去练习一下。”

我当时第一反应是，谁的英语能有母语好？太扯了吧！

对于一个各种英语考试考得还算可以的我来讲，这句话是很刺激我的，让我在那个公司长达三年一句英语都没有说。但是我很快想到一个问题，我真的要去补我的英文吗？在那样一个特别华丽的外企里面，所有人英文都比我好，90%的员工来自外国语学院或者任何大学的外语系或者国外高校，我跟他们比不了，不管怎么比我都比不了，所以这时候我想我到底补母语还是补英文，后来我确定补母语，比不了英文我跟你比母语。

然后我决定写博客！我人生做的第一件能坚持下来的事情，就是我开始写博客。这个博客从2009年6月开始写，那个时候我每天晚上不管几点回家，因为我做公关，第一年特别辛苦，每天晚上十一二点回家，还会坚持写1500字左右的狗血文章。因为特别心灵鸡汤范儿了，被频频推上了新浪首页。目前为止，我在这个博客一共写了三年的时间，有将近300篇文章都是在那个时段密集发布的。那个时候我基本两点到三点钟睡觉，所以我现在各种各样的身体疾病都是当初留下来的。我8点起床上班，通常都会迟到，迟到老板就批评，我向来遵循“有错就改，改了再犯，千锤百炼”的精神。

很多人不会相信一件事情你一直在做，它总会有质变。我也不相信，但是我没想过那么多。在我写博客之后第三个月就接到了媒体的约稿，这让我开始相信我可能写得有点质的变化了！六个月的时候有出版社约书稿，但是这个书稿一直没写出来，因为所有出版社希望我写一个85后杜拉拉的故事，但是我写不了那个东西。虽然博客点击量并不是一个能说明价值的数字，但是多少还有点用吧。我的博客大概用了一年时间达到了第一个100万点击量，200万用了六个月，到300万的时候用了三个月时间，之后我没有再去统计了。

这件微小的事情让我觉得，一件事情一直坚持去做，它会有质变的过程。很多人会觉得我出身于中文系，其实我原来是学化学的，后来转到中文系，结果把自己推向更深的深渊里。我没有什么太大的天赋，我只是想跟别人拼一下母语，后来发现我终于可以以母语比较稳妥地站立起来，不用跟别人拼英语，这是我唯一觉得比较欣慰的地方。我的第一本书，就是以我的博客文章为主题的那本书，有各种各样出版社来约稿，我都在努力配合它们，但是我一直没有狗血出来这本书。这个时候突如其来的事情又打断了我的人生。我完成小时候的梦想去了一趟台湾，回来之后我在博客上写了一篇文章。我当时写的时候想过有很多人环球旅行，出了很多文章，有很多旅行名博，但是我什么都不是，所以我不想写很多风景和美食，我只是想写一个别人没写过的。

其实这个思维很简单，如果你做的一件事情是没有人做的，你做得再垃圾也是第一人，你也是永远不可能被超越的人。于是我写了一些我在台湾各种各样的狗血故事，包括那些让很多读者倾心得要命的艳遇。提到艳遇，这篇在博客上点击量特别高，很多人看完之后潸然泪下，哭得要死要活，希望自己去也有一段这么浪漫的邂逅，其实这是可遇不可求的哈！

后来我写台湾的文字和照片火得厉害，大概是因为太多人写风景美食，没有人写过人与人之间的故事吧！其实我从小就不喜欢看风景美食的文章，我喜欢感情，喜欢人与人之间微小的关怀和生活气息。这个文章在大陆和台湾火了三个月之后，我接到了台湾天下文化出版社的邀请，开始把网络文字整理成为一本书，就是后来那本台版《从北京到台湾，这么近那么远》，大陆只能在淘宝网买到这本书。

在5月份的时候，我在台湾举办了签售会，我带我妈去了，看了看我的梦想实现的样子。我回来的时候发生了这样一件事情，我前一年去台湾的时候办理的是商务通行证，但是跑去旅行了，现在我被人发现了，就违规了，有一点小小的麻烦。那些时候，我经常以“大陆青年作家”名头出现在头版头条，这是我第一次看到有人说我是作家，让我受宠若惊。那个时候有一个台湾的新闻是关于塑化剂的，塑化剂救了我，在港澳台媒体排行榜第一名是塑化剂，第二名就是我；在某个报纸上，我和卡扎菲、利比亚一个版面。虽然这不是件很好的事情，但有意思的是，我很多在国外的朋友，甚至他们的父母看到我的新闻，都特别激动。他们的孩子，就是我的同学，纷纷扫描传到国内，让我看到自己在世界各地的最新进展。

那个时候特别郁闷，我会看到很多负面新闻和正面新闻，负面新闻群起而攻之的时候我的书卖得异常的好，但此时我也必须承受很多压力和磨难。那段时间经常睡不着觉，白天很紧张的样子，现在回想起来，却是很宝贵的财富。比如像这样的新闻，其实我也很委屈，那么多人把我一个人查出来了，但是我必须承认自己曾经犯下的错误，并且勇于担负这样的责任与压力。那时候看到范冰冰的一句话：“担得起多大的赞美，就经得起多大的诋毁。”让我很是感动。一件负面的事情，能偶尔练习你的心理承受能力和扩大你的心胸。做事做人要看到格局，而不是自己的委屈或者眼前的小利益。

那个新闻炒得很热的时候，许多导演跑来找我，那时候我不想招惹任何新闻，所以我拒绝了他们，他们进行各种各样的游说。其中有一个导演游说半年时间，不光他游说，还有他的狐朋狗友一直游说，所以长达半年时间我一直跟各种各样的人进行思想斗争。他给我讲了很多，比如从个人，从梦想，从生命的意义，从两岸关系，讲得忽高忽低的。对于我来讲，我发现是因为害怕是非太多而放弃，而这不应该是我的样子。青春，就是要勇敢地往前跑，奔奔放放地跑向自己想要的地方。

于是，我决定了签下影视授权，把我的书拍成电影。

这部电影，因为我只是签售权，我不太知道所有投资商和演员的情况，听说演员方面可能会由李宗盛老师来演飞机上偶遇的大叔，还有五月天、郝邵文等来客串，最终的演员名单我也不太清楚。

很多人觉得我是做公关的，我应该会推着这些事情往前跑。但是其实没有，我是一个特别懒的人，能不干就不干，能拖就拖，像今天演讲的这个PPT也是早上凌晨4点写完的。这两年我一直被人拖着往前跑，但是所有事情的出发点只有一个，就是：

“我想用母语来打败外企里的英文教条！”

回顾工作以外的这些乱七八糟的事情，会让我更加相信一个道理，就是：

“把一件事情做到极致好的时候，该有的东西都会有，该来的东西都会来，不用争取，它们会自然而然地来，你只需要专注把自己的事情做好，剩下的交给上帝就可以，他会安排好一切。”

今天我想跟大家分享的就是这样简单的道理，并没有特别远大的目标或者野心或者一个愿景。

我那天跟导演签约完了之后，我问我妈：

“上次我们看杜拉拉电影的时候，你想过会有今天吗？”

我妈说：“那哪儿能想到啊！”

我又问：“我24岁的时候你说过一句话，说我什么时候写本书拍了电影就满意了。电影不久就能看见，而且是大陆和台湾首部两岸合拍的电影，创了新纪录。满意了没？”

我想听我妈说我满意了。结果我妈又加了一句：

“你什么时候给我找个靠谱的女婿回来，我就满意了。”

今天我的部分就分享到这里，我今天带来一个视频，是之前做的关于台湾梦想的视频，那个视频之前没有放过，今天第一次放给大家，算是今天的结束，祝大家午餐吃得愉快。

视频内容：

优酷视频名字：赵星：从北京到台湾，这么近那么远

链接：http://v.youku.com/v_show/id_XMzE5MzY3NzQ0.html

附录 2

人物志

感谢文中曾经出现过的这些人，陪伴在我过去这些年的记忆里。谨以此内容补记诸位的现状，以表致谢。

《最冷的冬天，每天5点起床和外教读英文》里的Colin：Colin后来跟一个他爱的东北女孩子结婚了，目前居住在韩国，生了一个很可爱的混血女儿。

《用生命打造无可替代的简历》里的师姐：在工作三年后在新加坡结婚并定居于此，目前育有两名女儿。

《用生命打造无可替代的简历》里的林同学：我们失去了联系。

《扫楼求实习，誓当“分子”弃“分母”》里的Stella：毕业后入职于一国际知名公关公司，工作一年后拿到美国某公司offer，目前在美国定居工作和生活。

《当实习生的最高境界》里的Judy：目前任职国内某公关公司副总裁，瘦身美容圈网络名人。

在多篇文字里出现的花菜：毕业后就读于巴黎高商MBA，目前还在巴黎上学，其间在多个国家实习。

《你比分数更精彩》里的千晶：毕业后一年，千晶在中国结婚，已经是一对双胞胎男孩的妈妈，好嫉妒！！！

《哪个山头都有自己的风景》里的蜜蜂：正在上海攻读博士学位，将于今年秋天赴美继续深造。

《活出一个越来越大的世界》里的轩轩：正在加拿大攻读博士学位，通过国际钢琴比赛获得“青年钢琴家”的称号。

《从无薪实习生飞出的小凤凰》里的茶鱼：工作生活在美国，实现了自己曾经的出国梦。

《像一枚小种子的力量一样》里的森姐姐：已离开时尚媒体行业，在北京开了一家古着店，上个月与男友结婚，定居北京。

《再好的工作也有400次想辞职》里的Summer：目前生活工作在上海，刚刚跳槽到一个自己更加喜欢的公司里，虽然压力很大也很忙，但每天都十分有成就感。